Mathematisch-Physikalische Bibliothek

Gemeinverständliche Darstellungen aus der Mathematik u. Physik. Unter Mitwirkung von Fachgenossen hrsg. von

Dr. W. Lietzmann und **Dr. A. Witting**
Direktor der Oberrealschule zu Göttingen Oberstudienr., Gymnasialpr. i. Dresden

Fast alle Bändchen enthalten zahlreiche Figuren. kl. 8. Kart. je M. 5.—

Die Sammlung bezweckt, allen denen, die Interesse an den mathematisch-physikalischen Wissenschaften haben, es in angenehmer Form zu ermöglichen, sich über das gemeinhin in den Schulen Gebotene hinaus zu belehren. Die Bändchen geben also teils eine Vertiefung solcher elementarer Probleme, die allgemeinere kulturelle Bedeutung oder besonderes wissenschaftliches Gewicht haben, teils sollen sie Dinge behandeln, die den Leser, ohne zu große Anforderungen an seine Kenntnisse zu stellen, in neue Gebiete der Mathematik und Physik einführen.

Bisher sind erschienen (1912/21)

Der Begriff der Zahl in seiner logischen und historischen Entwicklung. Von H. Wieleitner. 2., durchgeseh. Aufl. (Bd. 2.)
Ziffern und Ziffernsysteme. Von E. Löffler. 2., neubearb. Aufl.: I: Die Zahlzeichen der alten Kulturvölker. (Bd. 1.) II: Die Z. im Mittelalter und in der Neuzeit. (Bd. 34.)
Die 7 Rechnungsarten mit allgemeinen Zahlen. Von H. Wieleitner. 2. Aufl. (Bd. 7.)
Einführung in die Infinitesimalrechnung. Von A. Witting. 2. Aufl. I: Die Differential-, II: Die Integralrechnung. (Bd. 9 u. 41.)
Wahrscheinlichkeitsrechnung. V. O. Meißner. 2. Auflage. I: Grundlehren. (Bd. 4.) II: Anwendungen. (Bd. 33.)
Vom periodischen Dezimalbruch zur Zahlentheorie. Von A. Leman. (Bd. 19.)
Der pythagoreische Lehrsatz mit einem Ausblick auf das Fermatsche Problem. Von W. Lietzmann. 2. Aufl. (Bd. 3.)
Darstellende Geometrie d. Geländes u. verw. Anwend. d. Methode d. kotiert. Projektionen. Von R. Rothe. 2., verb. Aufl. (Bd. 35/36.)
Methoden zur Lösung geometrischer Aufgaben. Von B. Kerst. (Bd. 26.)
Einführung in die projektive Geometrie. Von M. Zacharias. (Bd. 6.)
Konstruktionen in begrenzter Ebene. Von P. Zühlke. (Bd. 11.)
Nichteuklidische Geometrie in der Kugelebene. Von W. Dieck. (Bd. 31.)
Einführung in die Trigonometrie. Von A. Witting (Bd. 43.)
Einführung i. d. Nomographie. V. P. Luckey. I. Die Funktionsleiter. (28.) II. Die Zeichnung als Rechenmaschine. (37.)
Abgekürzte Rechnung nebst einer Einführ. i. d. Rechnung m. Funktionstaf. insb. i. d. Rechng. mit Logarithmen. Von A. Witting. (Bd. 42.)

Theorie und Praxis des logarithm. Rechenschiebers. Von A. Rohrberg. 2. Aufl. (Bd. 23.)
Die Anfertigung mathemat. Modelle. (Für Schüler mittl. Kl.) Von K. Giebel. (Bd. 16.)
Karte und Kroki. Von H. Wolff. (Bd. 27.)
Die Grundlagen unserer Zeitrechnung. Von A. Baruch. (Bd. 29.)
Die mathemat. Grundlagen d. Variations- u. Vererbungslehre. Von P. Riebesell. (24.)
Mathematik und Malerei. 2 Teile in 1 Bande. Von G. Wolff. (Bd. 20/21.)
Der Goldene Schnitt. Von H. E. Timerding. (Bd. 32.)
Beispiele zur Geschichte der Mathematik. Von A. Witting und M. Gebhard. (Bd. 15.)
Mathematiker-Anekdoten. Von W. Ahrens. 2. Aufl. (Bd. 18.)
Die Quadratur d. Kreises. Von E. Beutel. 2. Aufl. (Bd. 12.)
Wo steckt der Fehler? Von W. Lietzmann und V. Trier. 2. Aufl. (Bd. 10.)
Geheimnisse der Rechenkünstler. Von Ph. Maennchen. 2. Aufl. (Bd. 13.)
Riesen und Zwerge im Zahlenreiche. Von W. Lietzmann. 2. Aufl. (Bd. 25.)
Was ist Geld? Von W. Lietzmann. (Bd. 30.)
Die Fallgesetze. Von H. E. Timerding. 2. Aufl. (Bd. 5.)
Ionentheorie. Von P. Bräuer. (Bd. 38.)
Das Relativitätsprinzip. Leichtfaßlich entwickelt von A. Angersbach. (Bd. 39.)
Dreht sich die Erde? Von W. Brunner. (17.)
Theorie der Planetenbewegung. Von P. Meth. 2. Aufl. (Bd. 8.)
Beobachtung d. Himmels mit einfach. Instrumenten. Von Fr. Rusch. 2. Aufl. (Bd. 14.)
Mathem. Streifzüge durch die Geschichte der Astronomie. Von P. Kirchberger. (Bd. 40.)

In Vorbereitung: Doehlemann, Mathem. u. Architektur. Schips, Mathem. u. Biologie. Winkelmann, Der Kreisel. Wolff, Feldmessen u. Höhenmessen.

Verlag von B. G. Teubner in Leipzig und Berlin

Die in diesen Anzeigen angegebenen Preise sind die ab 1. Juli 1921 gültigen als freibleibend zu betrachtenden Ladenpreise, zu denen die meinem Verlag vorzugsweise führenden Sortimentsbuchhandlungen es zu liefern in der Lage und verpflichtet sind, und die ich selbst berechne. Sollten betreffs der Berechnung eines Buches meines Verlages irgendwelche Zweifel bestehen, so erbitte ich direkte Mitteilung an mich.

Photographie Alinari   Nach dem Gemälde von Sustermans in den Uffizien zu Florenz

GALILEO GALILEI

MATHEMATISCH-PHYSIKALISCHE BIBLIOTHEK
HERAUSGEGEBEN VON **W. LIETZMANN** UND **A. WITTING**
===== 5 =====

DIE FALLGESETZE
IHRE GESCHICHTE UND IHRE BEDEUTUNG

VON

Dr. H. E. TIMERDING
PROFESSOR AN DER TECHNISCHEN HOCHSCHULE
IN BRAUNSCHWEIG

ZWEITE AUFLAGE
MIT 25 FIGUREN IM TEXT

1921

SPRINGER FACHMEDIEN WIESBADEN GMBH

ISBN 978-3-663-15540-9   ISBN 978-3-663-16112-7 (eBook)
DOI 10.1007/978-3-663-16112-7
SCHUTZFORMEL FÜR DIE VEREINIGTEN STAATEN VON AMERIKA:
COPYRIGHT 1921 BY SPRINGER FACHMEDIEN WIESBADEN

URSPRÜNGLICH ERSCHIENEN BEI B. G. TEUBNER IN LEIPZIG 1921.

ALLE RECHTE,
EINSCHLIESSLICH DES ÜBERSETZUNGSRECHTS, VORBEHALTEN

VORWORT ZUR ERSTEN AUFLAGE

Daß in einer mathematischen Bibliothek auch eine Schrift über die Fallgesetze Aufnahme findet, bedarf wohl kaum einer Rechtfertigung, trotzdem die Fallbewegung in die Physik und nicht in die Mathematik gehört. Es handelt sich hier, wenn auch nicht um rein mathematische Begriffe, so doch um eine der wichtigsten Anwendungen der Mathematik und ferner auch um einen in der mathematischen Didaktik höchst bedeutsamen Punkt. Es ist nämlich dies die Stelle, wo Infinitesimalbetrachtungen zum erstenmal zum Vorschein kommen. Wenn nun auch in dieser kleinen Schrift die mathematische Seite ganz besonders betont ist, so ist doch keineswegs die Einführung, sondern eher die Umgehung der Infinitesimalmethoden bei der Behandlung des freien Falles die Aufgabe gewesen. Gewiß nicht, um die Infinitesimalmethoden zurückzudrängen, sondern um die geometrische Ausbeutung des Problems voll zu ihrem Recht kommen zu lassen.

Daß ich den Weg einer historischen Betrachtungsweise gewählt habe, um die methodische Bedeutung der behandelten Fragen möglichst klar und eindringlich herauszuheben, bedarf keiner Verteidigung mehr, seit Ernst Mach dies Verfahren mit so außerordentlichem Erfolge angewendet hat. Auf dessen ebenso gehaltreiches wie frisch und unterhaltend geschriebenes Buch *Die Mechanik in ihrer Entwicklung historisch und kritisch dargestellt* (Leipzig, Brockhaus, 1. Auflage 1883, 7. Auflage 1911) kann ich den Leser um so dringender hinweisen, als ich hier ja nur einen kleinen Ausschnitt aus der Mechanik behandelt habe. Allerdings glaube ich damit gerade einen Punkt getroffen zu haben, in dem Machs Darstellung einer Ergänzung bedarf.

Was ich dem Leser sonst an weiterführender Literatur anführen kann, sind von der einen Seite her nur Lehrbücher — was die physikalische Seite betrifft, etwa der erste

Band von Müller-Pouillets großem *Lehrbuch der Physik und Meteorologie* (Braunschweig, Vieweg, 10. Aufl. 1906), wo eine ausführliche Darstellung der Fallgesetze und der verschiedenen Methoden zu ihrer experimentellen Bestätigung zu finden ist, und was die geometrische Seite angeht, etwa Ganter und Rüdios *Elemente der analytischen Geometrie* (Leipzig, Teubner, 7. Aufl. 1910) — auf der anderen Seite aber möchte ich, die Persönlichkeit Galileis betreffend, das Werk von Emil Wohlwill, *Galilei und sein Kampf für die kopernikanische Lehre* (Hamburg und Leipzig, Voß, 1. Band 1909) aufs wärmste empfehlen.

Dezember 1911.

VORWORT ZUR ZWEITEN AUFLAGE

Bei der Neubearbeitung ist der ganze Text einer Durchsicht unterzogen, manches geändert und hier und da ein Abschnitt neu hinzugefügt worden. Plan und Anlage der ganzen Darstellung sind damit nicht berührt worden. Dem Büchlein mußte sein anspruchsloser Charakter als eine erste Einführung in die Bewegungslehre auf geschichtlicher Grundlage erhalten bleiben.

Juni 1921.

H. E. Timerding.

INHALTSÜBERSICHT

	Seite
1. Galilei und Aristoteles	1
2. Galileis erste Ergebnisse	9
3. Geometrische Darstellung der Fallgesetze	16
4. Geschwindigkeit und Beschleunigung	21
5. Allgemeinere Gesichtspunkte	32
6. Der Ausbau und die Bestätigung der Fallgesetze	38

1. GALILEI UND ARISTOTELES

Mit den Fallgesetzen pflegt nicht nur im physikalischen Unterricht die wissenschaftliche Erklärung der Naturerscheinungen zu beginnen, die Entdeckung der Fallgesetze bedeutet auch in der historischen Entwicklung den Anfang der modernen Physik. Wir schulden diese Entdeckung ganz und gar dem großen Genius des Galileo Galilei (1564—1642), der sich dadurch nicht minderen Ruhm erworben hat wie durch seine entscheidenden Beobachtungen am gestirnten Himmel. Was unsere Bewunderung an diesem einzigartigen Manne besonders erregt, ist, daß er nicht etwa durch einen glücklichen Zufall zu seinen Entdeckungen gelangte, sondern daß er sich auch ihrer grundsätzlichen Tragweite voll bewußt war, daß er an ihnen das Wesen der ganzen Wissenschaft, der sie angehörten, klar erkannte und darlegte. So übersah er mit voller Deutlichkeit, daß seine Fallgesetze den Weg zu einer neuen Lehre von der Bewegung überhaupt eröffneten. Er hat von ihnen ausgehend nicht bloß das methodisch geleitete Versuchs- und Beobachtungsverfahren als die Grundlage der Naturwissenschaft hingestellt, er hat auch die Mathematik als das unentbehrliche Hilfsmittel jeder exakten Naturbeschreibung erkannt und durch einen glänzenden Beweis für den entscheidenden Fortschritt, der in ihrer richtigen Verwendung liegt, für alle Zukunft an die ihr gebührende Stelle eingesetzt.

Wenn wir daher die Darstellung der Fallgesetze und ihrer Bedeutung für die Naturerkenntnis zu unserer Aufgabe machen, so können wir nichts Besseres tun als den Spuren Galileis zu folgen. Dabei wird sich nicht bloß der physikalische Charakter der Fallgesetze am deutlichsten ergeben, es wird sich auch zeigen, welche Fortschritte in der mathematischen Analyse und ihrer Anwendung auf die Naturerscheinungen sie mit sich geführt haben.

1. Galilei und Aristoteles

Die Darstellung, die Galilei von den Fallgesetzen gegeben hat, verteilt sich auf zwei Schriften, die überhaupt die wichtigsten und bekanntesten unter seinen Werken sind. Beide sind in Gesprächsform gehalten; die erste, die 1632 erschien, führt den Titel: *Gespräch über die beiden größten Weltsysteme, das ptolemäische und das kopernikanische,* die andere, sechs Jahre später veröffentlichte lautet: *Unterredungen und mathematische Beweise über zwei neue Wissenschaften, welche die Mechanik und die örtlichen Bewegungen zum Gegenstande haben.*

Als die erste dieser Schriften erschien, war Galilei bereits nahezu 70 Jahre alt. Dennoch zeigt sie eine jugendliche Frische und Lebendigkeit der Darstellung. Sie ist nicht bloß durch ihren Inhalt, sondern auch durch die klassische Reinheit und Schönheit ihrer Form ausgezeichnet. Am berühmtesten ist sie freilich dadurch geworden, daß sie es war, welche die Verurteilung Galileis durch die römische Inquisition zur Folge hatte. Wenn Galilei derart zum Märtyrer seiner Überzeugung geworden ist, so darf man freilich damit nicht den Gedanken verbinden, daß er seine Ansicht mutig bis zum letzten Augenblick verteidigt hat. Im Gegenteil, er erregte den Verdacht des Inquisitionsgerichtes vielmehr durch eine übermäßige Bereitwilligkeit zu jedem Widerruf. Man vermutete nicht mit Unrecht, daß dieser Widerruf wenig aufrichtig gemeint war. Nachdem einmal das Buch gedruckt war, verschlug es wenig, was sein Verfasser persönlich äußerte. Was er zu sagen hatte, war für alle Zeiten unzerstörbar niedergelegt.

Der Titel des Buches läßt schon erkennen, daß die Verteidigung des kopernikanischen Weltsystems der eigentliche Zielpunkt war. Die Fallgesetze kommen dabei nur insoweit in Frage, als sie zu dieser Verteidigung beitragen. Zur vollen Hauptsache sind sie erst in der zweiten Schrift geworden — die örtliche Bewegung ist nichts anderes wie die Fallbewegung —. In dieser Schrift hat Galilei das eigenartige Verfahren gewählt, eine von ihm sehr viel früher abgefaßte lateinische Abhandlung in den italienischen Dialog einzuschieben; der Dialog hat dabei nur den Zweck, diese Abhandlung in der Darstellung zu ergänzen und zu erläutern.

Die Personen des Dialoges sind in beiden Schriften dieselben: Salviati, Sagredo und Simplicio. Die ersten beiden tragen die Namen von wirklichen Persönlichkeiten und Bekannten Galileis, der dritte Name ist vielleicht dem Erklärer des Aristoteles, Simplicius, nachgebildet. Mir scheint es aber nicht unwahrscheinlich, daß Galilei auch an die buchstäbliche Bedeutung des Namens dachte. Denn Simplicio ist in den Gesprächen der Wortführer der Ansichten, die Galilei nicht bloß bekämpft, sondern als albern und unvernünftig empfindet, nämlich des wortgläubigen Scholastizismus, der an der Autorität des Aristoteles unbedingt festhält und als bewiesen ansieht, was er durch eine Stelle aus seinen Schriften belegen kann.

Sagredo erscheint dagegen als der Vertreter der Naturphilosophie, die sich in der Renaissancezeit an den physikalischen Schriften des Aristoteles entwickelt, aber ihre eigenen Wege eingeschlagen hat, wenn sie ihre Aufgabe auch mehr im Nachdenken über den Grund der Erscheinungen sieht als in der Erforschung der Natur auf Grundlage und innerhalb der Grenzen der Erfahrung. Salviati endlich ist die Verkörperung von Galileis eigenen Ansichten, ihm wird die kritische Sichtung und die positive Feststellung des wahren Sachverhaltes in den Gesprächen übertragen.

Es ist aber wohl zu beachten, daß auch Sagredo und Simplicio nicht bloß frühere Standpunkte der wissenschaftlichen Betrachtung, sondern auch frühere Stadien in Galileis eigener Entwicklung repräsentieren. Galilei stand auf Simplicios Standpunkt während seiner Studentenzeit, er rang sich erst nach und nach von diesen Ansichten los und drang zu der freien naturphilosophischen Spekulation vor, die Sagredo vertritt. Als er in Pisa studierte (1581—1585), herrschte dort noch ganz der aristotelische Geist und schlug auch ihn in seinen Bann. Der Wendepunkt in seiner inneren Entwicklung trat erst mit dem Ende dieser Studienzeit ein. Er wandte sich ganz der Mathematik zu und begann sich in Euklid und Archimedes zu vertiefen. Namentlich aus den Schriften dieses letzteren erwuchs ihm die Ahnung einer ganz anders gearteten, von philosophischen Lehrmeinungen freien Wissenschaft. Aber die Ausreifung seiner Gedanken erfolgte in ihm nur langsam, Schritt für Schritt. Zu selbständigen eigenen Forschungen drang er erst in Padua vor, wo er seit 1592 als

Professor der Mathematik wirkte. Dort begannen am Anfang des neuen Jahrhunderts seine epochemachenden Entdeckungen und reiften in ihm die Ideen einer nicht auf dialektischen Kunststücken, sondern der vorurteilslosen, sorgfältigen Prüfung der Tatsachen beruhenden Naturwissenschaft.

Den Zugang zu dieser neuen Wissenschaft hat er durch den antiken Atomismus gefunden. Immer mehr neigt sich bei ihm die Wage zugunsten der rein mechanistischen Naturauffassung des Demokrit gegenüber der Qualitätenlehre des Aristoteles. Er durfte aber dabei die große Bedeutung dieses Mannes nicht verkennen, der die Normen des wissenschaftlichen Denkens für alle Zeiten festgelegt und der überhaupt für die Möglichkeit einer wirklichen Wissenschaft erst den Boden bereitet hat. Vor Aristoteles hatte jede wissenschaftliche Forschung nur dichterische Bilder als einzige Form ihres Ausdrucks, er zuerst schuf die nüchterne, aber auch durchsichtig klare Äußerung des abstrakten Denkens.

Man darf nie vergessen, daß die Absicht des Aristoteles nicht die Aufhellung des natürlichen Geschehens war. Sein wirkliches Gebiet war das Reich des Geistes, seine eigentliche Aufgabe die Klärung und Durchleuchtung der menschlichen Verhältnisse durch die Kraft der vernünftigen Überlegung. Es ist ein ethischer Zielpunkt, der ihn beherrscht. Auf diesen Zielpunkt wendet er alles hin, auch seine Naturphilosophie, die übrigens keineswegs eine originale Schöpfung von ihm, sondern nur eine abgerundete und ergänzte Auslese aus den Arbeiten seiner Vorgänger ist.

Wie sehr moralische Gesichtspunkte ihn beherrschen, zeigt Aristoteles deutlich darin, daß er sein ganzes Weltbild auf dem Gegensatz des Vollkommenen und Unvollkommenen aufbaut. Der Gegensatz von der Vollkommenheit des Geistigen, das seinen Sitz oben in den Himmeln hat, und der Unvollkommenheit alles Irdischen mutet so völlig christlich an, daß es gewiß nicht wundern kann, wenn die Wissenschaft des Mittelalters, die durchaus ihrem innersten Wesen nach theologisch war, an dieser Lehre, nachdem sie sie einmal aufgenommen hatte, entschieden festhielt.

Der große Umschwung trat ein, als mit der steigenden Entwicklung und Wertschätzung der äußeren Kultur sich das Interesse von der geistigen Vervollkommnung ab und der Erforschung und Beherrschung der Natur zuwandte. Mit einem Wust von Aberglauben, der in der übermäßigen Gier nach Gold und Macht, nach Erhaltung der körperlichen Wohlfahrt und nach der Ausbreitung des äußeren Lebens seinen Grund hat, wuchs in der Renaissance auch der heiße Wunsch, in die Geheimnisse der Natur einzudringen, mächtig empor. Alles das hat ja Goethe in seinem Faust in dichterischer Verklärung und doch historisch treu und wahr dargestellt. So kam es, daß von den Schriften des Aristoteles die physikalischen Bücher immer mehr studiert, daß die darin geäußerten Ansichten aber nun auch ausgebaut, abgeändert und bekämpft wurden. Bei allen Naturphilosophen jener Zeit ist jedoch Aristoteles der Ausgangspunkt, und er bleibt auch der eigentliche Mittelpunkt.

So ist es auch bei Galilei gewesen. Auch er wandte sich den physikalischen Büchern des Aristoteles zu und insbesondere seiner Bewegungslehre. Er war indessen so sehr Sohn einer neuen Zeit, daß er nicht mehr wie Aristoteles bloß in Begriffen dachte, sondern wie alle Forscher nach ihm die Vorgänge der Natur anschaulich zu erfassen trachtete. So konnte er die qualitativen Veränderungen in der aristotelischen Physik, die sich anschaulich nicht fassen lassen, nicht billigen, er blieb vielmehr bei der anschaulichen Veränderung des Ortes mit der Zeit, der Bewegung, die auch bei Aristoteles die erste und wichtigste Veränderung ist, stehen.

Ignorato motu ignoratur natura, wenn man die Bewegung nicht kennt, kennt man auch die Natur nicht, diese Aristotelesstelle soll ihn geleitet haben. Dabei kam er aber bald zu offenem Widerspruch gegen die Behauptungen des Aristoteles. Dieser hatte den Gegensatz der vollkommenen Welt über und der unvollkommenen Welt unter dem Mond auch in den Bewegungen gesucht, die ihnen eignen. Die Sphären der Gestirne sind in kreisförmiger Bewegung begriffen, und diese ist ihre natürliche Bewegung, die Körper der irdischen Welt dagegen bewegen sich, wenn sie ihrer Natur folgen, in gerader Linie, entweder nach dem Zentrum (das gleichzeitig Erd- und Weltzentrum ist) hin oder von ihm fort. Von vornherein besteht nämlich zwischen den vier Elementen, aus denen sich die sublunare Welt aufbaut, eine natürliche Ordnung. Zu unterst kommt die Erde, darüber das Wasser, die Luft und endlich das Feuer. (Man vergesse hierbei aber nicht, daß bei Aristoteles die Namen der vier Elemente nicht etwa das, was wir heute so nennen, sondern in gewissem Sinne Aggregatzustände bezeichnen.) Wenn nun eines der vier Elemente an einem unrechten Orte ist, z. B. ein Stein mitten in der Luft, so strebt er nach seinem gehörigen Ort, er fällt zur Erde. Nach diesem Grundsatze unterscheidet Aristoteles Schwere und Leichtigkeit der Körper.

Galilei, der die Schrift des Archimedes über die schwimmenden Körper studiert hatte, widersetzte sich zunächst dem Gegensatz von Schwer und Leicht. Schwer sind alle Körper. Was die Luftblasen im Wasser in die Höhe treibt, ist nur die größere spezifische Schwere des Wassers. Jeder Körper verliert nach dem Archimedischen Prinzip in einer Flüssigkeit so viel an Gewicht, als die von ihm verdrängte Flüssigkeitsmasse wiegt. Nur so erklärt es sich, daß ein Körper scheinbar ein negatives Gewicht haben und in die Höhe steigen kann.

Schon sehr früh soll auch, wenn man der Überlieferung glauben dürfte, den Widerspruch Galileis die weitere Behauptung des Aristoteles hervorgerufen haben, daß die schweren Körper rascher fallen sollen als die leichteren. Er machte, wie sein Schüler und Biograph Viviani erzählt, am Turm von Pisa im Beisein vieler Professoren und der ganzen Studentenschaft den Versuch, indem er eine hölzerne und eine metallene Kugel gleichzeitig fallen ließ, und siehe da! die Kugeln entfernten sich nicht voneinander. Aristoteles, der für unfehlbar gehaltene Lehrmeister, war widerlegt und seine allgewaltige Autorität erschüttert.

So früh, wie es hier angegeben ist, und in der geschilderten dramatischen Form hat sich dieser wichtige Schritt in der Entwicklung der neuen Naturwissenschaft freilich nicht vollzogen, aber er bildet einen wichtigen Teil von Galileis Kampf gegen die aristotelische Physik.

Man muß aber bedenken, daß Aristoteles immer nur den qualitativen Charakter der Vorgänge im Auge hat, er kennt nur eine Vergleichung, nicht aber eine Messung, die Auffassung des Quantitativen liegt ihm völlig fern. Bei Galilei ist es gerade umgekehrt, die quantitative Bestimmung ist

Das Parallelogramm der Geschwindigkeiten

ihm das allein Wichtige und das, was der Beschreibung der Naturvorgänge erst Sinn und Wert gibt. Nun zeigt die Beobachtung ja, daß bei genügend großer Höhe des Falles der spezifisch schwerere und zumeist auch der absolut schwerere Körper eher unten anlangt. Darum wohl stellt Aristoteles seine Behauptung auf, und so, rein äußerlich gefaßt, ist diese Behauptung auch richtig. Galilei trennt aber von vornherein den Widerstand der Luft, der beim Falle wie bei jeder anderen Bewegung an der Erdoberfläche wirksam ist, von dem Besonderen der Fallbewegung, mit anderen Worten von der Bewegung, die im leeren Raume noch übrigbleiben würde. Er zerlegt die wirkliche Erscheinung derart in zwei Komponenten. Die nächste Aufgabe ist dann für ihn die, die erste, wichtigste Komponente, die sich auf den Fall im leeren Raum bezieht, zu bestimmen; erst wenn diese Bestimmung quantitativ vollständig gelungen ist, wird man auch zur Bestimmung der zweiten, von dem Luftwiderstand herrührenden Komponente schreiten. Die zweite Komponente ist von völlig anderen Faktoren abhängig wie die erste, von dem umgebenden Mittel, von der Gestalt des Körpers, was alles auf die erste Komponente keinen Einfluß ausübt. Daher ist die Trennung der beiden Komponenten bei einer genauen Beschreibung der Bewegung in der Tat eine Notwendigkeit.

Aber diese Trennung war viel schwerer zu erreichen, als wir heute, wo wir uns an sie gewöhnt haben, anzunehmen geneigt sind. Sie ist auch Galilei erst nach und nach gelungen, und sie steht in engem Zusammenhang mit der Entdeckung des sogenannten Beharrungsgesetzes, die ja auch von der gleichen Voraussetzung ausgeht, daß von dem Widerstand der Luft und anderen Widerständen gegen die vorhandene Bewegung abgesehen wird. Ebenso wie nun Galilei fand, daß eine einem Körper erteilte Bewegung sich der Geschwindigkeit und Richtung nach unbegrenzt erhalten würde, wenn man sich die der Bewegung entgegenstehenden Widerstände entfernt denken würde, ebenso erkannte er auch, daß allen Körpern die gleiche Fallbewegung zukommt, wenn man von dem Widerstande des umgebenden Mittels absieht, daß sich mithin eine bestimmte Bewegung für den Fall im leeren Raum ergeben muß, und diese auf Grund einer mathematischen Beschreibung festzulegen, ergibt sich als die Aufgabe.

1. Galilei und Aristoteles

Der Anfang zu einer genauen Beschreibung der Bewegung ist schon im Altertum gemacht worden, in einer Schrift, die unter Aristoteles' Namen überliefert wurde, wenn sie auch nicht von ihm herrührt. Sie trägt den Titel **Mechanische Untersuchungen**. Durch sie war schon zu Galileis Zeit die Lehre von der gleichförmigen Bewegung so ziemlich bekannt. Ein Körper, der sich immer in derselben Richtung bewegt und in gleichen Zeiten immer gleiche Strecken zurücklegt, heißt in gleichförmiger Bewegung. Das konstante Verhältnis zwischen dem Weg s und der auf ihn verwandten Zeit t heißt die Geschwindigkeit v der Bewegung. Es wird also definiert:

$$v = \frac{s}{t},$$

woraus sofort die andere Gleichung

$$s = v \cdot t$$

folgt.

Auch die Zusammensetzung der gleichförmigen Bewegungen findet sich bereits in der genannten Schrift. Denkt man sich einen Körper auf einer Geraden, etwa in einer geraden Rinne, gleichförmig bewegt und gleichzeitig die Rinne selbst in gleichförmiger Bewegung begriffen, so bestimmt sich der von dem Körper zurückgelegte Weg AB wie folgt: Man lege an den Weg AC, den der Körper beschrieben haben würde, wenn nur die Rinne beweglich, der Körper selbst aber in dieser fest wäre, den Weg an, den der Körper in der Rinne selbst während derselben Zeit beschrieben hat. Dieser Weg sei CB. Dann ist AB der insgesamt von dem Körper zurückgelegte Weg, und der Körper bewegt sich in Wirklichkeit gleichförmig auf der Geraden AB.

Man kann die Figur durch eine Parallele BD zu CA und eine Parallele AD zu CB zu einem Parallelogramm ergänzen und die Regel dann wie folgt aussprechen: Wenn die Geschwindigkeiten zweier Bewegungen den in der Richtung der Bewegungen gezogenen Strecken AC und AD proportional sind, so wird die Richtung und

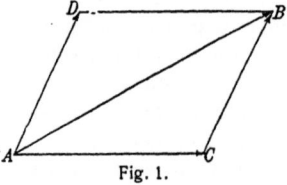
Fig. 1.

Geschwindigkeit der resultierenden gleichförmigen Bewegung durch die Diagonale AB des Parallelogramms $ACBD$ gegeben.

Wir mußten diese Dinge kurz erwähnen, weil sie bei Galileis Untersuchungen über die Fallbewegung eine große Rolle spielen.

2. GALILEIS ERSTE ERGEBNISSE

Über den Ausgangspunkt von Galileis Untersuchungen wird eine allbekannte, ebenfalls von Viviani überlieferte Anekdote erzählt. Als Galilei eines Tages im Dom zu Pisa seinen Blick auf die Schwingungen eines von der Decke herunterhängenden Kronleuchters richtete, fiel ihm auf, daß diese Schwingungen, trotzdem sie allmählich geringer wurden, doch immer dieselbe Dauer hatten. Dabei kam ihm der Gedanke, daß sich diese Tatsache für die Zeitmessung nutzbringend verwerten lasse. Ob an dieser Erzählung etwas Wahres ist, läßt sich schwer feststellen. Jedenfalls steht die Betrachtung über das Pendel am Anfang von Galileis Erforschung der Bewegungslehre, und er hat auch die Benutzung eines Pendels, das man ausschwingen läßt, zur Messung kürzerer Zeiten eingeführt. Es ist bekannt, wie Huygens später durch die Verbindung dieser Zeitmessung mit dem Mechanismus der Uhren auch die genauere Bestimmung von größeren Zeitdauern gewährleistete.

Galilei hat sich nun eifrig bemüht, für den von ihm entdeckten Isochronismus der Pendelschwingungen einen Beweis beizubringen oder mit anderen Worten die beobachtete Erscheinung nachzuweisen als eine Folge aus anderen Tatsachen, die einen elementareren Charakter haben und der allgemeinen Erfahrung näherstehen.

Nun war der Zusammenhang der Pendelschwingung mit der Fallbewegung ganz augenscheinlich. Die Pendelschwingung bedeutet nichts als ein Fallen und Wiederaufsteigen des schwingenden Körpers, wobei aber diesem die Bahn, auf der er sich bewegen muß, vorgeschrieben ist, und zwar ist diese Bahn ein Kreis. Man würde dieselbe Bewegung bekommen, wenn man die Kugel des Pendels, statt sie an einem Faden aufzuhängen, in einer kreisförmigen, vertikal gestellten Rinne sich bewegen ließe.

Galileis Bemühungen, die Beziehungen zwischen der ge-

2. Galileis erste Ergebnisse

radlinigen und der kreisförmigen Fallbewegung aufzufinden, sind nicht von Erfolg gekrönt gewesen. Wir wissen heute, daß das, was er beweisen wollte, überhaupt nicht zu beweisen ist. Die Pendelschwingungen sind nur dann mit großer Annäherung isochron, wenn die Weite der Schwingungen sehr gering ist. Wird sie größer, so verlängert sich auch die Dauer der Pendelschwingung.

Dagegen fand Galilei einen Satz, der tatsächlich richtig ist und den er als eine Vorstufe für sein eigentliches Ziel betrachtete. Bei diesem Satz ist der gekrümmte Weg, auf dem der Körper von einem Punkte seiner kreisförmigen Bahn zu deren tiefster Stelle gelangt, durch die gerade Verbindungslinie dieser beiden Punkte ersetzt. Der Satz lautet dann wie folgt:

Wenn von den Punkten eines vertikalen Kreises nach dessen tiefstem Punkte A Sehnen gezogen werden, so fallen die Körper durch alle diese Sehnen in gleichen Zeiten, und zwar in derselben Zeit, in der sie den vertikalen Durchmesser AB des Kreises durchfallen.

In einem Schreiben an Guidubaldo del Monte vom November 1602 behauptet Galilei, diesen Satz durch statische Betrachtungen bewiesen zu haben. Diese Betrachtungen stützen sich auf den Grundsatz, daß die Bewegung auf einer schiefen Ebene gleichsam die ähnliche Verkleinerung des senkrechten Falles ist, indem bei beiden Bewegungen die in denselben Zeiten durchlaufenen Strecken immer in demselben Verhältnis stehen, das durch den Sinus des Neigungswinkels der schiefen Ebene gegen den Horizont gegeben wird.

Dieser Grundsatz ist sozusagen die dynamische Form des Gesetzes der schiefen Ebene, das zu Galileis Zeit längst Gemeingut der wissenschaftlichen Welt geworden war. Danach ist die Stärke des Zuges, mit dem ein Gewicht auf einer schiefen Ebene längs dieser Ebene abwärts strebt, von dem Gewicht ein bestimmter Bruchteil, der durch den Sinus des Neigungswinkels gegeben wird, und dem Gewicht auf der schiefen Ebene kann wirklich das Gleichgewicht gehalten werden durch ein verringertes Gewicht, das an einem über eine Rolle geführten Faden angehängt ist.

Ist nun CA eine Sehne, die nach dem tiefsten Punkte A des vertikalen Kreises hinführt, so ist die Neigung dieser

Sehne gegen den Horizont gleich dem Peripheriewinkel CBA, und der Sinus dieses Neigungswinkels also gleich $CA:BA$. Es wird mithin nach dem angeführten Grundsatz die Sehne CA wirklich in der gleichen Zeit durchlaufen wie der senkrechte Durchmesser BA.

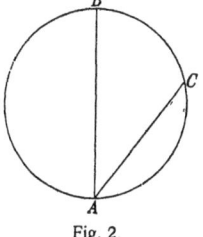

Fig. 2.

Der ausgesprochene Grundsatz der schiefen Ebene hat nun wahrscheinlich Galilei einen Weg offenbart, wie er zu einer experimentellen Ermittelung der Fallgesetze gelangen könne. Wenn nämlich die Bewegung auf einer schiefen Ebene das ähnliche Abbild der freien Fallbewegung ist, so kann man alle Beobachtungen an einer schiefen Ebene anstellen. Darin liegt ein ungeheurer Vorteil, denn die Bewegung läßt sich so nach Belieben verlangsamen, indem man die Neigung der schiefen Ebene genügend klein nimmt.

Hierauf beruht denn auch die Galileische Versuchsanordnung. Er hat sie selbst später in den „Unterredungen und mathematischen Beweisen" so anschaulich geschildert, daß wir sie am besten mit seinen eigenen Worten wiedergeben.

„In einem Lineal oder besser gesagt einem hölzernen Brett von etwa 12 Ellen Länge, einer halben Elle Breite und 3 Zoll Dicke war auf dieser letzten, schmalsten Seite eine Rinne eingelassen, die wenig mehr als einen Zoll breit war. Sie war ganz gerade gezogen, und um sie recht eben und glatt zu machen, wurde in sie ein nach Möglichkeit geglättetes und geputztes Pergament hineingeklebt, und dann ließen wir in ihr eine sehr harte, gut gerundete und polierte Bronzekugel herunterlaufen. Das Brett wurde aufgehängt, indem wir das eine Ende nach Belieben ein oder zwei Ellen über die horizontale Richtung erhoben, und dann ließen wir wie gesagt in der Rinne die Kugel herunterlaufen, indem wir auf eine Weise, die ich gleich angeben werde, die Zeit notierten, die sie zum Herunterlaufen der ganzen Rinne brauchte. Dasselbe haben wir oftmals wiederholt, um in der Bestimmung der Zeit recht sicher zu sein, es ergab sich aber niemals ein Unterschied, auch nicht von dem zehnten Teil der Dauer eines Pulsschlages. Nachdem dieser Versuch ausgeführt und das Resultat genau bestimmt war, ließen wir dieselbe Kugel nur ein Viertel der Rinne durchlaufen, und indem wir hierbei die Dauer des Herunterlaufens maßen, fand sie sich ganz genau gleich der Hälfte der anderen Zeit. Und indem wir den Versuch noch in anderer Weise wiederholten, indem wir bald die Zeit für die ganze Länge mit der Zeit für die Hälfte und dann wieder mit der für $\frac{2}{3}$ oder $\frac{3}{4}$ oder schließlich für irgendeinen anderen Bruchteil der Länge verglichen, stellte sich bei wohl hundertmal wiederholten Versuchen immer heraus, daß die durchlaufenen Strecken sich zueinander verhielten wie die Quadrate der Zeiten, und das bei allen Neigungen der schiefen Ebene, d. h. der Rinne, in der wir die Kugel herunterlaufen ließen. Dabei bemerkten wir auch noch, daß die Zeiten des Herunterlaufens bei den verschiedenen Neigungen untereinander genau die Verhältnisse einhielten, die in der Schrift unseres Autors (Galileis) weiter unten angegeben und bewiesen sind.

„Was aber das Messen der Zeit anbetrifft, so bedienten wir uns eines großen, mit Wasser gefüllten Eimers, der an der Decke aufgehängt wurde und aus dem durch ein in seinem Boden angebrachtes sehr feines Kanälchen ein ganz dünner Wasserstrahl ausfloß, der in einem kleinen Gefäß während der Zeitdauer des Herunterrollens der Kugel aufgefangen wurde. Die kleinen Wassermengen, die so gewonnen wurden, wurden von Fall zu Fall auf einer sehr genauen Wage gewogen, dann gaben uns die Unterschiede und Verhältnisse ihrer Gewichte die Unterschiede und Verhältnisse der Zeiten, und zwar mit einer solchen Genauigkeit, daß, wie ich schon sagte, die angegebenen Beobachtungen bei sehr häufigen Wiederholungen niemals einen merkbaren Unterschied ergaben."

Die Versuchsanordnung Galileis war sehr glücklich und ist den in den nächsten hundert Jahren angestellten anderen Versuchen weit überlegen. Es müssen aber doch ein paar einschränkende Zusätze hinzugefügt werden. Die erste Bemerkung betrifft die Reibung der Kugel an ihrer Unterlage und den Widerstand der Luft, was beides bei den Versuchen unberücksichtigt blieb. Aber gerade hier war die Methode Galileis außerordentlich vorteilhaft, die Reibung wird dadurch, daß die selbst sehr glatte Kugel auf einer glatten Unterlage rollt, nicht gleitet, sehr verringert, und der Luft-

Die Fallformeln

widerstand bleibt unbedeutend, weil durch die geringe Neigung der schiefen Ebene größere Geschwindigkeiten vermieden werden.

Es bleibt nun aber ein zweiter Punkt zu bedenken. Das Rollen ist keineswegs ein einfaches Fallen, sondern eine viel verwickeltere Bewegung, bei welcher die einfache Formel, die Galilei für den Fall auf der schiefen Ebene ableitet, nicht mehr gilt. Es trifft sich indessen so glücklich, daß zwar die Größe der Beschleunigung für die Bewegung des Kugelmittelpunktes sich ändert, aber diese Beschleunigung im Verlaufe der Bewegung annähernd konstant bleibt, so daß die Versuche doch das gewünschte Ergebnis liefern.

Das von Galilei aus seinen Beobachtungen an der schiefen Ebene gefolgerte Gesetz, daß *sich die von dem Anfang des Falles an gerechneten Fallräume wie die Quadrate der Fallzeiten verhalten*, sind wir gewohnt als das fundamentale Fallgesetz zu betrachten. Bezeichnen wir die Strecke, die der Körper in der ersten Sekunde durchfällt, mit a und mit y die Strecke, die er in t Sekunden durchfällt, so muß nach diesem Gesetz

$$y : a = t^2 : 1^2,$$

mithin

$$y = a t^2$$

werden.

Galilei fügt nun noch einen anderen Satz hinzu, der eine einfache Umformung des Grundgesetzes ist und sich auf die in den einzelnen Sekunden zurückgelegten Wegstrecken bezieht. Wir finden den in der t^{ten} Sekunde zurückgelegten Weg, indem wir von der in den ersten t Sekunden durchfallenen Strecke y die in den ersten $t-1$ Sekunden durchfallene Strecke y' abziehen. Es ist nun

$$y = a t^2, \qquad y' = a (t-1)^2,$$

also ergibt sich

$$y - y' = a t^2 - a (t-1)^2 = a (2t - 1)$$

für die in der t^{ten} Sekunde zurückgelegte Wegstrecke. Wir finden so für die einzelnen Sekunden die Wege

$$a, \; 3a, \; 5a \text{ usw.}$$

Die in gleichen Zeitteilen zurückgelegten Wege nehmen demnach zu im Verhältnis der ungeraden Zahlen. Dies ist Galileis zweiter Satz.

2. Galileis Ergebnisse

Er hat die beiden Sätze sicher bereits im Jahre 1604 besessen. Die letzte Aussage läßt sich auch in die folgende Form bringen: *Die in den einzelnen Sekunden zurückgelegten Wege nehmen von einer Sekunde zur folgenden immer um denselben Betrag* $g = 2a$ *zu, und dieser Betrag ist unabhängig von Größe und Beschaffenheit des Körpers.* Bei Benützung dieser konstanten Zahl g, die heute allgemein an die Stelle der früher verwendeten „Galileischen Zahl" a getreten ist, schreibt sich die Fallformel $y = \tfrac{1}{2} g t^2$.

Es läßt sich endlich noch eine einfache Folgerung ziehen, die von Galilei allerdings in etwas anderer Form ausgesprochen worden ist.

Setzen wir nämlich den in der t^{ten} Sekunde zurückgelegten Weg $y - y' = z$, so läßt sich schreiben

$$y = a t^2 = \tfrac{1}{2}[(2t-1)a + a]t = \tfrac{1}{2}[z + a]t.$$

Der von dem fallenden Körper in den ersten t Sekunden zurückgelegte Weg ist also derselbe, als wenn der Körper sich gleichförmig bewegt und in jeder Sekunde einen Weg zurückgelegt hätte, der das arithmetische Mittel aus den in Wirklichkeit während der ersten und letzten Sekunde zurückgelegten Wegen ist.

Wie kommt es nun, daß Galilei an diesen Resultaten, die durchaus einfach und klar sind, nicht sein Genügen fand? Er vermißte immer noch ein einfaches Prinzip, nach dem sich der Vorgang regelt. Zudem sah er in den gefundenen Sätzen noch nicht das Band, das sie mit seinen ursprünglichen Betrachtungen verknüpfte. Den Ausgangspunkt seiner Untersuchungen hatte ja die Beobachtung gebildet, daß die Geschwindigkeit der fallenden Körper beständig zunimmt. Die Frage mußte nun für ihn sein: wie nimmt denn die Geschwindigkeit zu?

Er übersah dabei, daß er eine feste Bestimmung für den Begriff der Geschwindigkeit bei einer ungleichförmigen Bewegung überhaupt noch nicht hatte. Nur bei der gleichförmigen Bewegung gibt ja der in der Zeiteinheit zurückgelegte Weg ein Maß für die Geschwindigkeit. Er verließ sich vielmehr auf die Anschauung, die jeder Mensch von der Geschwindigkeit hat, die aber erst der Klärung und exakten Festlegung bedarf, um einer wissenschaftlichen Anwendung fähig zu sein.

Ohne jedoch hierauf weiter einzugehen, verfolgte Galilei den Gedanken, daß, wenn das zugrunde zu legende Prinzip recht einfach sei, die Geschwindigkeit proportional mit irgendeiner anderen Größe wachsen müsse, die bei dem Fall ständig zunimmt. Es liegt nun in der Tat am nächsten, für diese Größe die Fallstrecke selbst zu wählen, und das tat denn auch Galilei zunächst. Am 16. Oktober 1604 schreibt er an Paolo Sarpi: „Indem ich wieder auf die Bewegungsgeschichten zurückkam, bei denen mir immer noch zur Erklärung der von mir beobachteten Erscheinung ein durchaus unzweifelhaftes Prinzip fehlte, um es als Axiom an den Anfang zu stellen, griff ich zu einer Annahme, die in hohem Grade natürlich und einleuchtend erscheint, und unter dieser Annahme beweise ich alles übrige: daß die bei der natürlichen Bewegung (des fallenden Körpers) durchlaufenen Strecke sich wie die Quadrate der Zeiten verhalten und infolgedessen die während gleicher Zeiten durchlaufenen Strecken zunehmen wie die ungeraden Zahlen von der Einheit an, und so weiter. Dieses Prinzip aber ist folgendes: bei der natürlichen Bewegung nehmen die Geschwindigkeiten zu proportional der Entfernung des Körpers vom Anfangspunkte der Bewegung; wenn beispielsweise der schwere Körper von der Stelle a aus durch die Linie $abcd$ fällt, so setze ich voraus, daß der Grad der Geschwindigkeit, den er in c hat, sich verhält zu dem Grad der Geschwindigkeit, den er in b hat, wie die Entfernung ca zu der Entfernung ba, und ebenso, daß der Körper in d einen um so viel größeren Grad der Geschwindigkeit besitzt wie die Entfernung da größer als ca ist."

Die Annahme, die Galilei macht, widerstreitet aber nicht bloß den Folgerungen, die er daraus ziehen will, sie ist auch innerlich unmöglich, denn aus ihr würde in Wirklichkeit keine Fallbewegung eines anfänglich in Ruhe befindlichen Körpers folgen. Die Ableitung, durch die er aus seiner Annahme das richtige Resultat gewinnen will, ist denn auch derart verkehrt, daß es unmöglich scheint, in ihr einen vernünftigen Sinn zu erkennen.

Fig. 3.

16   3. Geometrische Darstellung der Fallgesetze

Galilei konnte das Gewirr von Fehlschlüssen, in das er sich verstrickt hatte, nicht lange verborgen bleiben. Vielleicht ist dies auch gerade ein Anlaß für ihn gewesen, seine mathematischen Fähigkeiten noch weiter auszubilden. Man darf nicht vergessen, wie tief in jener Zeit die allgemeine mathematische Bildung noch stand. Wer die ersten Bücher der Euklidischen Elemente begriffen hatte, hielt sich schon für einen geschulten Mathematiker. Für Archimedes war eine große Verehrung vorhanden, aber ihn ganz zu verstehen waren nur wenige imstande.

Auch Galilei hat sich erst nach und nach die Reife und Tiefe des mathematischen Verständnisses erworben, die seine Schriften aus der späteren Zeit offenbaren. Er hat aber nicht bloß in der Physik, sondern auch in der Mathematik eine neue Epoche eröffnet. Er ist es, dem die entscheidende Wendung zur Analysis des Unendlichkleinen zu danken ist, und gerade das Problem, das ihm die Fallgesetze boten, war es, was ihn getrieben hat, diese neue mathematische Wissenschaft zu suchen.

3. GEOMETRISCHE DARSTELLUNG DER FALLGESETZE

Zunächst aber schieben sich Betrachtungen dazwischen, bei denen das Infinitesimale noch nicht unmittelbar zur Geltung kommt, die vielmehr nur sozusagen eine geometrische Darstellung der bereits angeführten Fallgesetze bedeuten.

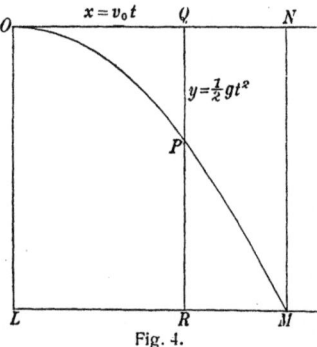
Fig. 4.

Man denke sich den fallenden Körper mit einem Schreibstift versehen und ziehe hinter ihm, während er fällt, eine Tafel in genau gleichförmiger Bewegung vorüber. Dann wird der Schreibstift auf dieser Tafel eine Kurve verzeichnen, die das Gesetz des Falles geometrisch illustriert. Ist die Geschwindigkeit, mit der die Tafel bewegt wird, v_0, so ist nach der Zeit t auf der Tafel das

Lot, in dem der Körper fällt, von seiner Anfangslage um die Strecke
$$x = v_0 t$$
entfernt. Gleichzeitig ist der Körper auf seinem Lote um eine Strecke heruntergefallen, die wir wieder mit y bezeichnen wollen und für die wir den Wert haben
$$y = \tfrac{1}{2} g t^2.$$
Wir finden also zwischen x und y die Beziehung
$$y = \frac{g}{2 v_0^2} x^2$$
oder
$$4 c y = x^2,$$
indem wir $c = \frac{v_0^2}{2g}$ machen. Dieser Beziehung entspricht die von dem Schreibstift aufgezeichnete Kurve. Wir bezeichnen die gefundene Gleichung einfach als die Gleichung der Kurve und die Kurve selbst als die **Fallkurve**.

Der Mechanismus, auf dem die Verzeichnung der Fallkurve beruht, ist in der angegebenen Form praktisch nicht bequem auszuführen, weil das genau gleichförmige Fortschreiten der Tafel schwer zu erreichen ist. Man kann aber mit einer geringen Abänderung leicht einen praktisch brauchbaren Fallapparat aus der beschriebenen Vorrichtung ableiten, und zwar ist der so entstehende Apparat von Morin tatsächlich konstruiert worden.

Man kann nämlich die ebene Tafel durch einen Zylinder ersetzen, auf dem man den Schreibstift des fallenden Körpers schreiben läßt, und statt die Tafel gleichförmig vorrücken zu lassen, versetzt man den Zylinder in gleichförmige Drehung. Solche gleichförmige Drehung ist durch ein paar Luftflügel leicht zu erreichen. Auf dem Zylinder wird dann dieselbe Fallkurve verzeichnet wie vorher auf der Tafel. Nur ist sie sozusagen umgebogen, und das auf dem Zylinder aufgewickelte Papier muß erst ausgebreitet werden, ehe man die Fallkurve in der früheren Form vor Augen hat.

Es läßt sich aber auch eine ganz andere Überlegung anstellen. Denken wir uns den ganzen Apparat, so wie wir ihn ursprünglich beschrieben haben, selbst in Bewegung gesetzt, so können wir diese neue Bewegung derart einrichten, daß sie die Bewegung der Tafel gerade aufhebt, daß also die

18   3. Geometrische Darstellung der Fallgesetze

Tafel jetzt ruht und dafür der Körper und damit das Lot, in dem der Körper fällt, sich vor der Tafel herbewegt. Dies bedeutet aber, daß der Körper außer der Fallbewegung eine gleichförmige Bewegung in horizontaler Richtung haben soll, und das läßt sich auch einfach dadurch erreichen, daß man ihm eine horizontale Anfangsgeschwindigkeit erteilt, indem man ihn etwa durch einen ausschwingenden Hammer von einer Unterlage, auf der er ruhte, herunterstößt. Der Körper beschreibt dann selbst vor der Tafel eine solche Fallkurve, wie wir sie gefunden haben (Fig. 5).

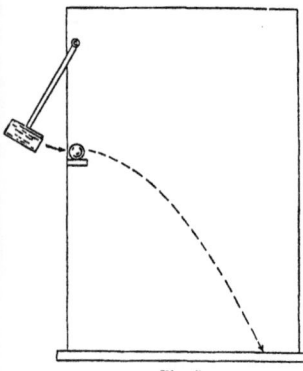

Fig. 5.

Statt den Körper durch einen Hammer anzustoßen, kann man ihm die gehörige horizontale Anfangsgeschwindigkeit auch dadurch erteilen, daß man ihn vor dem Fall in einer Rinne aus einer gewissen Höhe herunterrollen läßt. Man kann auch statt einer einzigen Kugel eine größere Menge von Kugeln nehmen, die hintereinander herunterrollen und beim Fallen eine fortlaufende Reihe bilden, so daß sie unmittelbar die Form der Fallkurve erkennen lassen.

Es braucht sich aber nicht um feste Körper zu handeln, es kann auch eine Wassermasse sein, die durch eine in horizontaler Richtung ausmündende Röhre ausfließt (Fig. 6). Ein solches Ausfließen können wir an vielen Brunnen auf dem Lande beobachten, und zwar kommt die Fallkurve hierbei verhältnismäßig sehr genau zustande, weil die störenden Einflüsse ganz unerheblich sind. Die Reibung des Wasserstrahls an der umgebenden Luft ist nämlich außerordentlich gering.

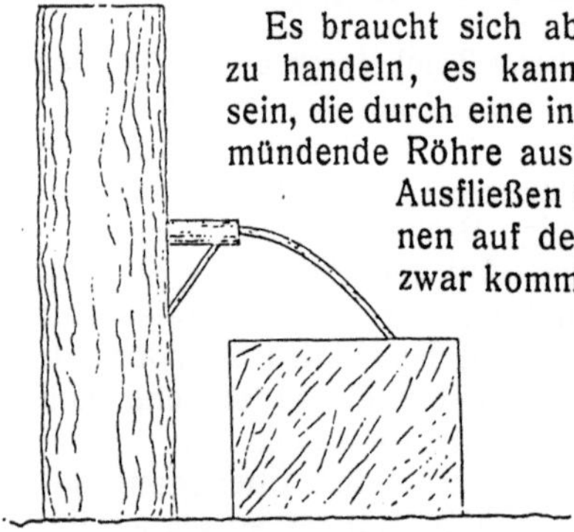

Fig. 6.

Unsere nächste Aufgabe muß nun sein, die Kurve, auf die wir hier geführt werden, geometrisch näher zu untersuchen.

Die Fallkurve

Wir wollen dabei von der gefundenen Gleichung
$$4cy = x^2$$
ausgehen. Diese Gleichung setzt zwei zueinander rechtwinklige Achsen (eine horizontale und eine vertikale) voraus, die von einem Punkte O ausgehen (Fig. 7). Auf der horizontalen Achse werden die Abstände $OQ = x$ abgetragen, und parallel zu der vertikalen Achse $QP = y$ gezogen.

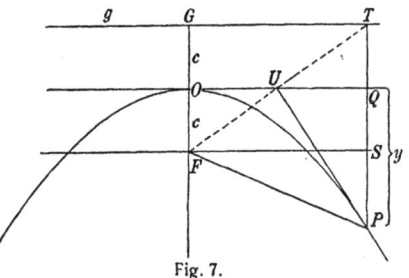

Fig. 7.

Wir wollen sogleich bemerken, daß das bis jetzt gewonnene Kurvenstück durch ein symmetrisches Stück ergänzt werden kann. Tragen wir nämlich auf derselben Achse wie OQ, aber nach der entgegengesetzten Richtung eine gleich lange Strecke OQ' ab (Fig. 8), so können wir diese durch $-x$, ihre negativ genommene Länge, kennzeichnen. Machen wir wieder $Q'P' = y$, so wird auch
$$4cy = (-x)^2.$$

Die Abstände oder Koordinaten $-x$ und y des Punktes P' genügen also derselben Gleichung wie die Koordinaten von P, und die Kurve, die durch die Gleichung festgelegt wird, muß auch den Punkt P' enthalten.

Wir machen nun auch c in der Fig. 7 sichtbar, indem wir auf der vertikalen Achse von O aus nach unten und oben die Strecke c als OF und OG abtragen. Durch F und G ziehen wir horizontale Linien, welche die Vertikale von P in S und T treffen. Es wird dann

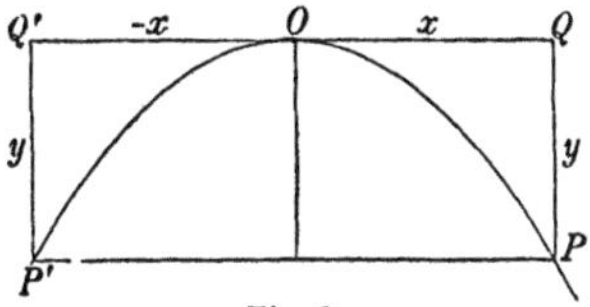

$PS = PQ - QS = y - c,$
$PT = PQ + QT = y + c,$

mithin $PT^2 - PS^2$
$= (y+c)^2 - (y-c)^2 = 4cy.$

Fig. 8.

Also finden wir nach der Gleichung der Kurve, da $x = OQ = FS$,

$$PT^2 - PS^2 = FS^2$$
oder $$PT^2 = PS^2 + FS^2 = PF^2,$$
d. h. es wird $$PT = PF,$$

die Punkte der Kurve haben von der Horizontalen g durch G und vom Punkte F gleiche Abstände. Eine Kurve von dieser Eigenschaft heißt aber eine Parabel. Die Fallkurve ist demnach eine Parabel.

Die weiteren Eigenschaften der Parabel, die für uns in Betracht kommen, knüpfen an ihre Tangenten an. Wir beweisen zunächst, daß wir die Parabeltangente in P erhalten, indem wir aus P auf FT das Lot fällen (Fig. 7). Dies Lot ist, da $PT = PF$, die Mittelsenkrechte der Strecke FT, und sein Fußpunkt U liegt, weil er die Mitte von FT ist, notwendigerweise auf der Geraden OQ. Um zu beweisen, daß PU die Parabeltangente ist, zeigen wir, daß außer P auf ihr kein Punkt der Parabel liegen kann. Ist nämlich P_1 ein beliebiger anderer Punkt auf PU, P_1T_1 das aus P_1 auf die Horizontale g, die Leitlinie der Parabel, gefällte Lot (Fig. 9), so wird, weil P_1 auf der Mittelsenkrechten von FT liegt,

$$P_1F = P_1T;$$

da aber in dem rechtwinkligen Dreieck P_1T_1T die Hypotenuse P_1T notwendigerweise größer als die Kathete P_1T_1 ist, folgt auch $$P_1F > P_1T_1.$$

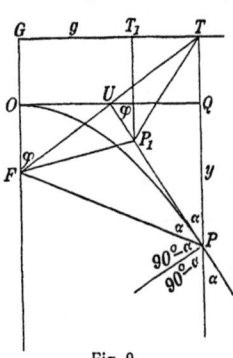

Fig. 9.

Der Punkt P_1 kann also nicht auf der Parabel liegen, da sonst $P_1F = P_1T_1$ sein müßte.

Wir können nun noch eine Reihe einfacher Folgerungen ziehen. Zunächst ergibt sich, da der Winkel FUP ein rechter ist: *Bewegt sich der Scheitel eines beweglichen rechten Winkels auf einer Geraden, während der eine Schenkel durch einen festen Punkt F geht, so berührt der andere Schenkel beständig eine bestimmte Parabel.* Der Punkt F heißt der Brennpunkt der Parabel. Der Grund für diese Bezeichnung liegt in folgendem:

Da der Winkel FPU, wie sofort zu sehen ist, gleich dem Winkel TPU ist, d. h. der Winkel zwischen dem Brennstrahl PF und einer Linie PT von fester Richtung, einem sogenannten Durchmesser der Parabel, durch die Tangente der Parabel, der Nebenwinkel demnach durch die zu der Tangente senkrechte Normale der Parabel halbiert wird, wird ein Lichtstrahl, der in der Richtung eines Durchmessers auf die Parabel auffällt, an dieser so gespiegelt, daß er nach dem Brennpunkt F hinläuft. *Die in der Richtung der Durchmesser auffallenden Lichtstrahlen werden also durch Spiegelung an der Parabel in dem Brennpunkt F vereinigt.* Denken wir uns ferner die Lichtstrahlen mit einer gewissen Geschwindigkeit durchlaufen, so daß die Punkte einer Parallelen zur Leitlinie immer zur gleichen Zeit erreicht werden, dann folgt aus $PT = PF$ sofort, daß *die Bewegung auf allen Lichtstrahlen nach der Spiegelung auch zu gleicher Zeit in dem Brennpunkt F anlangt.*

Aus $FU = UT$ können wir unmittelbar ableiten, daß auch $OU = UQ$ ist; nennen wir also die Strecke $OQ = x$ die Abszisse des Parabelpunktes P, so können wir sagen: *die Tangente in einem Parabelpunkte P halbiert die von dem Punkte O, dem Scheitel der Parabel, aus gerechnete Abszisse dieses Punktes* (Fig. 10).

4. GESCHWINDIGKEIT UND BESCHLEUNIGUNG

Ob die vorstehenden Entwicklungen in den Bereich von *Galileis Studien* fallen, vermögen wir nicht anzugeben; jedenfalls enthalten sie den Schlüssel zu der vollständigen Beschreibung der Fallbewegung.

Den Ausgangspunkt unserer Betrachtungen, daß ein Körper, der mit einer bestimmten horizontalen Anfangsgeschwindigkeit zu fallen beginnt, eine Halbparabel beschreibt, indem während des Falles die horizontale Komponente der Bewegung unverändert erhalten bleibt, hat Galilei schon sehr früh besessen. Er gewann die von seinen Zeitgenossen allerdings lange nicht geteilte und noch von Mersenne (1588—1648) durch Versuche geprüfte Überzeugung, daß der Fall eines

Körpers nicht davon abhängen könne, ob man ihn aus einer festen Stellung heraus oder etwa in der Kajüte eines fahrenden Schiffes fallen läßt. Diese Überzeugung vereinigte sich bei ihm mit der Gewißheit, daß eine horizontale Bewegung nur durch die ihr entgegenwirkenden Widerstände der Luft und der Reibung an der Unterlage verringert und zum Aufhören gebracht werde, bei Entfernung dieser Widerstände aber unbegrenzt in gleicher Stärke fortdauern würde. Daraus mußte sich ihm die parabolische Wurfbewegung eines in horizontaler Richtung fortgeschleuderten Körpers sofort ergeben.

Es hat aber sehr lange gedauert, bis er zu der Überzeugung gelangte, daß auch eine anders als horizontal gerichtete Bewegung sich, abgesehen von dem Widerstande der Luft, unverändert erhält und mit der Fallbewegung kombiniert, ohne sie zu stören. Allzu fest saß in der Naturphilosophie jener Zeit der Gedanke, daß dem emporgeschleuderten Körper eine Fähigkeit mitgeteilt werde, die nach und nach erlösche; man sah ja, wie der Körper sich immer langsamer nach aufwärts bewegt, bis er ganz stille steht und darauf nach unten zu fallen beginnt.

Um zu erkennen, wie der Vorgang wirklich zu erklären ist, war es viel anschaulicher, einen schräg nach aufwärts geworfenen Körper, als einen senkrecht in die Höhe geschleuderten in Betracht zu ziehen. Dann ergeben die geometrischen Betrachtungen, die wir angestellt haben, sofort die Bahn des Körpers unter der Annahme, daß die dem Körper mitgeteilte Bewegung unverändert erhalten bleibt. Dies bedeutet, daß der Körper in derselben geraden Linie immer mit derselben Geschwindigkeit fortrückt. Ist v diese Geschwindigkeit, P die Anfangslage, so ist die in der Zeit t zurückgelegte Wegstrecke

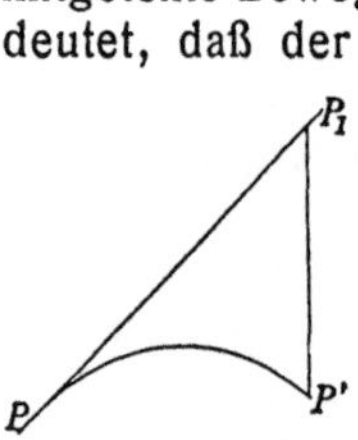

$$PP_1 = vt.$$

Fig. 11.

Soll dann diese Bewegung mit der Bewegung des freien Falles vereinigt werden, so heißt das, daß die wirklich erreichte Lage P' um die Fallstrecke lotrecht unter P_1 liegt. Man braucht, um in einem modernen Bilde zu reden, nur an ein schräg aufsteigendes

Flugzeug zu denken, aus dem der zu betrachtende Körper niederfällt.

Nach dem gefundenen Wert für die Fallstrecke, die zu der Zeit t gehört, wird aber

$$P_1 P' = \tfrac{1}{2} g t^2.$$

Wir wollen nun zeigen, daß als Ort des Punktes P' sich wieder eine Parabel ergibt. Gehen wir nämlich von der früheren Figur der Parabel aus und nehmen auf ihr irgend zwei Punkte P und P' an (Fig. 12). PQ und $P'Q'$ seien die aus ihnen auf die Tangente im Scheitel O gefällten Lote (Ordinaten). Tragen wir dann PQ von O aus in der entgegengesetzten Richtung als OV ab, so wird

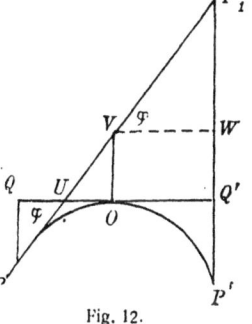

Fig. 12.

die Linie PV die Strecke OQ in U halbieren, und ist deshalb, wie wir früher gefunden haben, die Tangente der Parabel im Punkte P. Ihre Verlängerung über V hinaus schneide die Linie $P'Q'$ in P_1, die durch V zu QQ' gezogene Parallele treffe die gleiche Linie $P'Q'$ in W. Dann wird

$$Q'W = OV = PQ, \qquad WP_1 = VW \cdot \frac{PQ}{UQ} = OQ' \cdot \frac{PQ}{\tfrac{1}{2}OQ}$$

und deshalb $\quad P'P_1 = P'Q' + PQ + OQ' \cdot \dfrac{PQ}{\tfrac{1}{2}OQ}.$

Nun gelten aber nach der gefundenen Parabelgleichung $4cy = x^2$ die Beziehungen

$$4c \, PQ = OQ^2, \qquad 4c \, P'Q' = OQ'^2,$$

und es ergibt sich

$$4c P'P_1 = OQ'^2 + OQ^2 + 2 OQ' \cdot OQ$$
$$= (OQ' + OQ)^2 = QQ'^2.$$

Nennen wir aber φ den Winkel, um den die Tangente PP_1 gegen die Scheiteltangente QQ' geneigt ist, so wird

$$QQ' = PP_1 \cos \varphi,$$

also, da $\qquad PP_1 = v \cdot t$

war, $\qquad QQ' = v \cos \varphi \cdot t,$

24   4. Geschwindigkeit und Beschleunigung

mithin ergibt sich $\quad 4cP'P_1 = v^2 \cos^2\varphi \cdot t^2$,

also $\qquad\qquad\qquad P'P_1 = \tfrac{1}{2} g t^2$,

wie es sein sollte, wenn wir

$$\frac{v^2 \cos^2\varphi}{4c} = \tfrac{1}{2} g,$$

also $\qquad\qquad\qquad c = \dfrac{v^2 \cos^2\varphi}{2g}$

setzen. Damit ist der Beweis erbracht.

Ist der Körper auf der parabolischen Wurfbahn gerade im Scheitel O, also im höchsten Punkte angelangt, so wird die Fallstrecke VO, wenn wir die zugehörige Zeit t_1 nennen,

$$VO = \tfrac{1}{2} g t_1^2,$$

und gleichzeitig ist $\quad QO = v \cos\varphi \, t_1$.

Nun wird aber $\qquad \dfrac{VO}{\tfrac{1}{2} QO} = \dfrac{\sin\varphi}{\cos\varphi}$

und daraus folgt $\qquad t_1 = \dfrac{v \sin\varphi}{g}$

für die Zeit, die der Körper braucht, um die höchste Stelle der Bahn zu erreichen. Die Steighöhe $h = PQ$ ist gleich VO, also $= \tfrac{1}{2} g t_1^2$ oder wenn wir hierin den Wert für t_1 einsetzen, wird $\qquad h = \dfrac{v^2 \sin^2\varphi}{2g}.$

Fig. 13.

Senkrechter Wurf

Daß sich, wie wir fanden, als Wurfbahn in allen Fällen eine Parabel ergibt, kann man leicht durch einen beliebigen leuchtenden Körper, den man unter verschiedenen Winkeln mit nicht zu großer Geschwindigkeit im Dunkeln emporschleudert, wenigstens im Groben experimentell bestätigen. Man vergleiche die Bahnen der Leuchtkugeln in dem nebenstehenden Bilde (Fig. 13), das unmittelbar auf photographischem Wege gewonnen ist. Dabei kommt allerdings der Widerstand der Luft wesentlich in Betracht, der zum Teil

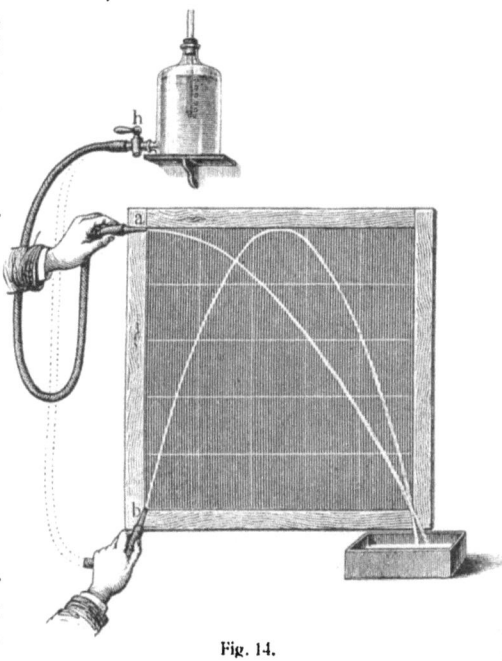

Fig. 14.

eine starke Abweichung von der Parabelgestalt bewirkt.

Man kann die Wurfbahn auch durch einen Wasserstrahl verdeutlichen, den man vor einer Tafel, auf der man am besten die herauskommende Wurfbahn vorher aufzeichnet, aus einem Schlauch ausfließen läßt. Der Schlauch ist an eine in passender Höhe aufgestellte Mariottesche Flasche angeschlossen und beginnt bei Öffnen eines Hahnes h zu fließen (Fig. 14). Man erkennt dann, da der Luftwiderstand sehr klein ist, deutlich die Gestalt der Parabel.

Aus den für die parabolische Wurfbahn gefundenen Formeln kann man die Formeln für einen vertikal nach oben geworfenen Körper sofort ableiten, indem man $\varphi = 90°$ annimmt. Man kann aber die Rechnung auch unmittelbar ausführen. Ist v die Geschwindigkeit der vertikal nach aufwärts gerichteten gleichförmigen Bewegung, so ist die in der Zeit t

zurückgelegte Strecke vt; davon geht die Fallstrecke $\tfrac{1}{2}gt^2$ ab, also bleibt übrig die Erhebung über die Anfangslage

$$y = vt - \tfrac{1}{2}gt^2.$$

Dieses y ist dasselbe für zwei verschiedene t, die sich aus der vorstehenden Gleichung ergeben, indem man diese nach t auflöst. Man findet so

$$t = \frac{v}{g} \pm \frac{\sqrt{v^2 - 2gy}}{g}.$$

Daraus erkennt man, da t notwendig einen reellen Wert haben muß, daß die höchste erreichte Erhebung durch $v^2 - 2gy = 0$ gegeben wird, also

$$h = \frac{v^2}{2g}$$

ist und zu der Zeit $t_1 = \dfrac{v}{g}$ gehört. Alle kleineren, positiven y werden zweimal, für ein $t < t_1$ und ein $t > t_1$, also beim Aufsteigen und beim Niederfallen des Körpers erreicht; es wird wieder $y = 0$ für $t = 2\dfrac{v}{g} = 2t_1$. Dann ist der Körper wieder am Boden angelangt.

Die Geschwindigkeit der gleichförmigen Bewegung, die sich mit der Fallbewegung kombiniert, bezeichnet man als die **Anfangsgeschwindigkeit** der Wurfbewegung, die aus der Vereinigung der beiden Bewegungen resultiert. Läßt man den Körper aus der Ruhelage fallen, so ist die Anfangsgeschwindigkeit Null.

Der mit der Fallbewegung kombinierten gleichförmigen Bewegung kommt auch eine bestimmte Richtung zu. Diese Richtung wird durch die Tangente der Wurfbahn im Ausgangspunkte der Bewegung bestimmt.

Es ist nun sofort zu sehen, daß bei der Wurfbewegung jeder Augenblick als der Anfang einer neuen Wurfbewegung angesehen werden kann. Man kann für jeden Punkt P der Wurfbahn eine gleichförmige Bewegung so bestimmen, daß, wenn der Körper mit dieser Bewegung vom Punkte P aus fortgeschleudert würde, er durch das Hinzutreten der Fallbewegung genau dieselbe Bewegung ausführen würde, die er auch in Wirklichkeit ausführt.

Nun können wir die gleichförmige Bewegung, um die es sich hier handelt, in zwei Komponenten zerlegen, von denen die eine horizontal, die andere vertikal gerichtet ist. Die

Geschwindigkeiten dieser Komponenten werden
$$v_1 = v \cos \varphi, \quad v_2 = v \sin \varphi.$$
Wir hatten nun gefunden
$$\frac{v^2 \cos^2 \varphi}{2g} = c,$$
und vergleichen wir dies mit dem auf S. 17 bestimmten Werte
$$\frac{v_0^2}{2g} = c,$$
so ergibt sich einfach
$$v_1 = v \cos \varphi = v_0.$$
Die Geschwindigkeit der horizontalen Bewegungskomponente ist konstant.

Für die vertikale Bewegungskomponente finden wir, wenn t_1 wieder die Zeit bedeutet, die bis zu dem Erreichen des Scheitels der parabolischen Bahn verstreicht oder von diesem Augenblick an verstrichen ist, aus der früheren Formel
$$t_1 = \frac{v \sin \varphi}{g}$$
sofort den Wert
$$v_2 = v \sin \varphi = g t_1.$$
Die Geschwindigkeit der vertikalen Komponente ist also der angegebenen Zeit proportional.

Ist $v_0 = 0$, so bleibt allein die vertikale Komponente übrig, d. h. es gilt für die Geschwindigkeit selbst die Formel
$$v = g t,$$
wenn wir hier wieder t statt t_1 schreiben.

Die Geschwindigkeit der hier betrachteten gleichförmigen Bewegung, die sozusagen den augenblicklichen Bewegungszustand des geworfenen oder fallenden Körpers charakterisiert, wird nun einfach als die Geschwindigkeit dieses Körpers bezeichnet. Die zuletzt angeschriebene Formel ist dann die Formel für die Geschwindigkeit des in der Vertikalen aus der Ruhelage fallenden Körpers, wobei t die seit dem Beginn des Falles verstrichene Zeit bezeichnet, und ihre Bedeutung ist:

Die Geschwindigkeit beim freien Fall ist der Fallzeit proportional.

Die Formel $v = g t$ stimmt aber genau überein mit der Formel für die gleichförmige Bewegung, wenn v nicht als eine neuartige Größe aufgefaßt, sondern als Strecke gedeutet wird. Man kann dann sagen: die Geschwindigkeit nimmt bei dem freien

4. Geschwindigkeit und Beschleunigung

Falle gleichförmig zu, oder die Geschwindigkeit der Geschwindigkeitszunahme ist konstant. Nennt man die Geschwindigkeit der Geschwindigkeitszunahme die **Beschleunigung**, so ergibt sich endlich der Satz:

Die Beschleunigung des freien Falles ist konstant.

Dieser Satz bildet das Endziel der Galileischen Untersuchungen. Galilei bezeichnet eine Bewegung, bei der die Beschleunigung konstant ist, als **gleichförmig beschleunigte Bewegung** (motus aequabiliter seu uniformiter acceleratus), und zwar definiert er sie wie folgt: „Eine gleichförmig beschleunigte Bewegung nenne ich die, bei der von der Ruhelage ausgehend die Geschwindigkeit in gleichen Zeiten gleiche Zunahmen erfährt." Es bedarf nur einer kleinen Abänderung dieser Definition, um an sie den modernen Begriff der Beschleunigung, wie wir ihn seit Newtons Zeit (1687) benutzen und wie ich ihn deswegen auch hier eingeführt habe, anzuknüpfen.

Die Definition der Beschleunigung wird noch klarer, wenn wir für die Bewegung des freien Falles die graphische Darstellung benutzen, die aus unseren früheren Betrachtungen unmittelbar hervorgeht. Dies geschieht dadurch, daß wir die

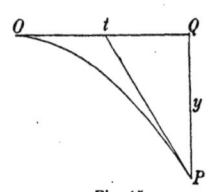

Fig. 15.

zu der Fallbewegung hinzugenommene gleichförmige Bewegung nicht als eine wirkliche Bewegung auffassen, sondern nur zur Verdeutlichung der Zeit benutzen. Die Geschwindigkeit v_0 können wir dabei gleich 1 wählen, und es wird dann in der Figur 15 die horizontale Strecke OQ gleich der Zeit t, die vertikale Strecke QP gleich der Fallstrecke y,

die zu der Zeit t gehört, und die Punkte P erfüllen eine Parabel, von der O der Scheitel, OQ die Scheiteltangente ist.

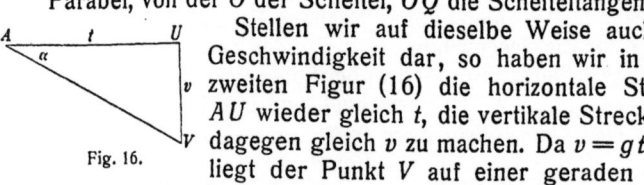

Fig. 16.

Stellen wir auf dieselbe Weise auch die Geschwindigkeit dar, so haben wir in einer zweiten Figur (16) die horizontale Strecke AU wieder gleich t, die vertikale Strecke UV dagegen gleich v zu machen. Da $v = gt$ wird, liegt der Punkt V auf einer geraden Linie,

die durch A geht, und zwar wird der Neigungswinkel dieser Geraden gegen die Horizontale durch die Gleichung bestimmt:

$$\operatorname{tang} \alpha = \frac{v}{t} = g.$$

Nun wird aber die Geschwindigkeit v selbst bestimmt als der Tangens des Winkels, unter dem die Tangente der Parabel in der ersten Figur gegen die Horizontale geneigt ist. Wir finden in der Tat für den Tangens des Winkels φ, den die Tangente in P mit der Strecke OQ bildet,

$$\tang \varphi = \frac{y}{\frac{1}{2}t},$$

also, weil $y = \frac{1}{2}gt^2$, $\quad \tang \varphi = gt = v.$

Analog würde der $\tang \alpha$ in der zweiten Figur die Geschwindigkeit der Geschwindigkeitszunahme liefern, und dies ist die konstante Beschleunigung g, entsprechend der Formel

$$\tang \alpha = g.$$

Anderseits ergibt sich für die Fläche des Dreiecks AUV der Wert $\quad \frac{1}{2}vt = \frac{1}{2}gt^2 = y;$

die Fallstrecken werden in der zweiten Figur durch die Flächeninhalte der entstehenden Dreiecke dargestellt.

Die letzten Betrachtungen fallen bereits ganz in den Galileischen Ideenkreis hinein. Wir haben sie mit Willen so gehalten, daß keinerlei Infinitesimalbetrachtungen hineinspielen. Aber es ist gerade hier der Punkt, wo bei Galilei diese Betrachtungen einsetzen. Daß nämlich die Dreiecke in der zweiten Figur die Fallstrecken darstellen, folgert Galilei nicht wie wir, sondern er erschließt es unmittelbar und eröffnet damit die Untersuchungen, die später in die Entdeckung der Integralrechnung ausgemündet haben. Der Galileische Gedanke ist nicht davon abhängig, daß die Linie AV eine Gerade wird, *sondern gilt auch, wenn diese Linie irgendwie gekrümmt, wenn also die Bewegung nicht die des freien Falles, sondern irgendeine andere ist.* Ihn genau wiederzugeben, ist an dieser Stelle nicht möglich, da ihm eine eigentümliche, weniger mathematische als philosophische Anschauung zugrunde liegt. Wir wollen uns vielmehr mit einer Deutung begnügen, die Galilei selbst in den „Unterredungen und mathematischen Beweisen" dem Sagredo in den Mund gelegt hat.

Diese Deutung besteht darin, daß wir uns die wirkliche Fallbewegung zunächst ersetzt denken durch eine Reihe von gleichförmigen Bewegungen, die ruckweise ineinander übergehen, aber so, daß die insgesamt auf diese Weise entstehende Bewegung der wirklichen Fallbewegung außerordentlich nahekommt. Wir erreichen dies, indem wir in der ersten Figur die Parabel durch einen geradlinigen Streckenzug ersetzen. Zu dem Zweck teilen wir die Strecke OQ in eine große Anzahl gleicher Teile und errichten in allen Teilpunkten die Lote bis zu der Parabel hin. Die Endpunkte dieser Lote verbinden wir durch einen geradlinigen Streckenzug, und dieser liefert dann das Bild der Folge von gleichförmigen Bewegungen, durch die wir die Fallbewegung ersetzen.

Ist OQ in n gleiche Teile geteilt, so wird für den m^{ten} Teilpunkt die Abszisse $\frac{m}{n}t$, die Länge des zugehörigen Lotes also

$$y_m = \tfrac{1}{2} g \frac{m^2}{n^2} t^2.$$

Vergleichen wir dies mit der Länge des folgenden Lotes

$$y_{m+1} = \tfrac{1}{2} g \frac{(m+1)^2}{n^2} t^2,$$

so ergibt sich

$$y_{m+1} - y_m = g \frac{2m+1}{2} \frac{t^2}{n^2},$$

und nennen wir φ_m den Neigungswinkel der Strecke, die die Endpunkte dieser beiden Lote verbindet, so wird

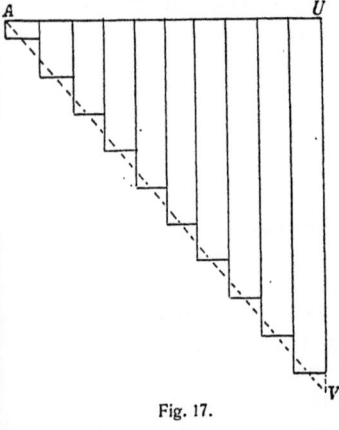

Fig. 17.

$$\tang \varphi_m = \frac{y_{m+1} - y_m}{\frac{t}{n}}$$
$$= \frac{2m+1}{2n} g t.$$

Dies aber ist gleichzeitig die Geschwindigkeit der zugehörigen gleichförmigen Bewegung. Wenn wir also die zweite Figur konstruieren, so wird über den Teilen der Strecke AU, die wie die Strecke OQ in n gleiche Teile zu teilen ist, je ein Rechteck zu konstruieren sein, dessen Höhe die zugehörige Geschwindigkeit angibt. Es entsteht so eine staffelförmige Figur, bei der die einzelnen Stufen der Reihe nach die Höhen

$$\frac{1}{2n}gt,\ \frac{3\,t}{2n}gt,\ \frac{5\,t}{2n}gt,\ \frac{7\,t}{2n}gt,\ \ldots,$$

die letzte die Höhe $\frac{2n-1}{2n} \cdot gt$, haben. Der gesamte Flächeninhalt der Staffelfigur ist $= \frac{1}{2}gt^2$ wie der Inhalt des früheren Dreiecks.

Lassen wir die Zahl n der Teile unbegrenzt zunehmen, so nähert sich die zugehörige Bewegung immer mehr der wirklichen Fallbewegung, der Streckenzug der ersten Figur nähert sich mehr und mehr der ursprünglichen Parabel und die Staffel in der zweiten Figur weicht immer weniger von dem zuerst gezeichneten Dreieck ab, wobei der Inhalt der Figur immer derselbe bleibt. Durch eine solche Annäherung kann man den Übergang von der gleichförmigen Bewegung zu der beschleunigten Bewegung zu vermitteln suchen.

Aus der zweiten Figur ergibt sich der Gesamtweg als die Summe der Rechtecke, die die bei den einzelnen Teilbewegungen zurückgelegten Strecken darstellen. Bei der ersten Figur aber werden die Geschwindigkeiten der einzelnen Teilbewegungen jedesmal durch den Tangens des Neigungswinkels einer Sehne der Bildparabel dargestellt. Wird die Teilung weiter und weiter getrieben, so werden die Sehnen kürzer und kürzer und nähern sich immer mehr Tangenten der Parabel. So sieht man auch an dieser Figur, wie die Geschwindigkeit der beschleunigten Bewegung aus den Geschwindigkeiten der diese Bewegung ersetzenden gleichförmigen Bewegungen hervorgeht.

Aus der zweiten Figur ist sofort ein Satz abzuleiten, den Galilei in der definitiven Darstellung seiner Untersuchungen an den Anfang gestellt hat: *Die Zeit, in der eine Wegstrecke bei der gleichförmig beschleunigten Bewegung eines Körpers zurückgelegt wird, ist gleich der Zeit, in der dieselbe Strecke von demselben Körper bei einer gleichförmigen Bewegung zurückgelegt würde, für welche die Geschwindigkeit das arithmetische Mittel aus der niedrigsten und höchsten Geschwindigkeit bei der gleichförmig beschleunigten Bewegung ist.*

Wird die betrachtete Strecke von dem Zeitpunkt t bis zu dem Zeitpunkt t' durchlaufen, und stellen die Lote UV und

$U'V'$ die Anfangs- und Endgeschwindigkeit des betrachteten Teiles der Bewegung dar, so wird die durchlaufene Wegstrecke durch den Flächeninhalt des Trapezes $UU'V'V$ (als die Differenz der Dreiecke $AU'V'$ und AUV) gegeben. Dieses Trapez ist an Inhalt gleich einem Rechteck $UU'W'W$, von dem die Höhe UW oder $U'W'$ gleich dem arithmetischen Mittel der Trapezseiten UV und $U'V'$ ist (Fig. 18). Dieses Rechteck entspricht aber einer gleichförmigen Bewegung mit der angegebenen Geschwindigkeit.

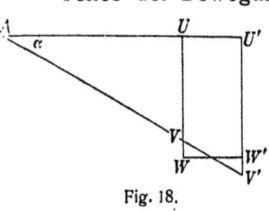

Fig. 18.

5. ALLGEMEINE GESICHTSPUNKTE

Bei Galileis Untersuchungen bilden die positiven Einzelergebnisse noch nicht die interessanteste Seite. Viel bedeutsamer ist der grundsätzliche Gehalt, der Fortschritt in der allgemeinen naturwissenschaftlichen Betrachtungsweise, die sich in ihnen ausdrückt.

Mach hat mit großer Entschiedenheit vertreten, daß die Fallgesetze nur ein abgekürzter Ausdruck der wirklichen Beobachtungen seien. Das ist mir aber nicht ganz einleuchtend und drückt jedenfalls nicht Galileis Meinung aus. Galilei hielt das Resultat seiner Beobachtungen, das Zunehmen der Fallstrecken proportional den Quadraten der Zeiten, nur für den Ausgangspunkt und die feste Stütze seiner Untersuchungen. Als seine eigentliche Aufgabe betrachtete er dagegen die Auffindung einer solchen Beschreibung der Fallbewegung, welche in der experimentell festgestellten Abhängigkeit der Fallstrecken von der Zeit eine einfache Gesetzmäßigkeit erkennen läßt. Diese Aufgabe ist rein deduktiver Natur, und das haben wir in der vorstehenden Entwicklung soviel wie möglich zur Geltung zu bringen gesucht.

Das große, wichtige Resultat Galileis, welches die Gesetzmäßigkeit der Fallbewegung auf die einfachste Formel bringt, ist die Konstanz der Beschleunigung bei der Fallbewegung. An diesem Resultat hat sich überaupt der dynamische Begriff der Kraft und damit die Grundlage der gesamten Bewegungslehre herausgebildet. Als das Maß der Kraft erscheint hierbei das Produkt aus der Masse des Körpers und seiner Beschleunigung. Der Kraft kommt ferner eine bestimmte Richtung zu, die mit der Bewegungsrichtung, wenn diese wie beim freien Fall ungeändert bleibt, zusammenfällt. Auf Grund dieses Kraftbegriffes entsteht dann eine neue Formulierung des Galileischen Resultates, die besagt, daß *auf alle Körper an der Oberfläche der Erde eine Kraft von bestimmter Richtung wirkt, die der Masse des Körpers proportional ist.* Daß dabei die Richtung der Kraft mit der Richtung eines durch ein Gewicht gespannten Fadens, d. h. mit der Richtung eines Senklotes übereinstimmt, kann wohl aus allgemeinen Gesichtspunkten gefolgert werden, ist aber nicht schlechthin selbstverständlich.

Die so definierte und erkannte Schwerkraft ist eigentlich erst das, was den Galileischen Fallgesetzen ihre volle Tragweite gibt, was aber anderseits auch erst das Vertrauen festigt, daß diese Gesetze über den Bereich der unmittelbaren experimentellen Bestätigung hinaus Gültigkeit haben. Wir werden noch sehen, daß die experimentelle Bestätigung keineswegs im Verhältnis zu der Gewißheit steht, mit der wir die Richtigkeit dieser Gesetze behaupten.

Galilei hat bei der Aufsuchung der Fallgesetze seinen Leitstern in der festen Zuversicht gefunden, daß hier ein einfacher Zusammenhang vorliegen müsse, und eine solche Zuversicht, die weniger im Verstande als im Gefühl begründet ist, hat nicht bloß den Ansporn zu diesen, sondern auch zu vielen anderen naturwissenschaftlichen Entdeckungen gebildet. Es ist wichtig, hier Galilei selbst zu hören, der von seinen Gedanken und Überzeugungen deutlich Rechenschaft abgelegt hat. Er sagt:

„Zu der Erforschung der natürlich beschleunigten Bewegung — Galilei meint damit die beschleunigte Bewegung, welche die Natur beim freien Falle als ihr gemäß offenbart — hat uns die Beobachtung der Art und Einrichtung eben der Natur selbst bei allen ihren anderen Werken von selbst hingeführt, bei welchen Werken sie ja stets die ersten, einfachsten und leichtesten Mittel anzuwenden pflegt. Niemand wird doch denken, daß das Schwimmen und Fliegen auf einfachere Weise möglich wäre als wie es die Fische und Vögel vermöge ihres natürlichen Instinktes ausführen. Wenn ich darum einen Stein von einem hochgelegenen Punkte aus der Ruhelage herabfallen lasse und ihn dabei immer mehr an Geschwindigkeit zunehmen sehe, warum soll ich dann nicht glauben, daß diese Geschwindigkeitszunahme nach der einfachsten und von allen am meisten einleuchtenden Regel geschieht? Wenn daher aus der Sache selbst hervorgeht, daß die Geschwindigkeit nicht dieselbe bleiben und die Bewegung nicht gleichförmig sein kann, so müssen wir die Identität oder, wenn man will, Gleichförmigkeit und Einfachheit nicht in der Geschwindigkeit, sondern in der Geschwindigkeitszunahme, d. h. der Beschleunigung suchen. Wenn wir dies aber genauer überlegen, so finden wir keine einfachere Zunahme als die, bei der zu allen Zeiten gleich viel hinzukommt. Ebenso wie die gleichförmige Bewegung durch das gleichbleibende Verhältnis von Weg und Zeit festgelegt wird, können wir auch annehmen, daß die Zunahme der Geschwindigkeit in gleichen Zeiten gleich ist, und wir verstehen demnach unter einer gleichförmig und immer in derselben Weise beschleunigten Bewegung die, bei der die Geschwindigkeitszunahme in gleichen Zeiten immer gleich ist."

Die Art, wie Galilei hier die von ihm gemachte Annahme als unausweichlich hinstellt, kann etwas befremden, da er ja selbst ursprünglich in eine irrige Meinung verfallen war. Doch liegt darin keineswegs die Absicht einer Verschleierung. In den „Unterredungen und mathematischen Beweisen" läßt er seine ursprüngliche Ansicht von Sagredo äußern und von Salviati widerlegen, ohne allerdings den wirklichen Sachverhalt völlig zu überblicken. Für die Analyse dieser anderen Bewegungsart, bei welcher die Beschleunigung dem zurückgelegten Weg proportional sein würde, reichten eben die mathematischen Hilfsmittel, die er besaß, noch nicht aus.

Mit großem Nachdruck hat Galilei den Fortschritt betont, der in der von ihm geleisteten quantitativen Bestimmung der Fallbewegung gegenüber der früher allein erstrebten qualitativen Beschreibung lag. Die allgemeine Erkenntnis, daß die Fallbewegung nicht gleichförmig, sondern mit einer fortwährenden Beschleunigung verbunden ist, sei völlig nutzlos, wenn man nicht wisse, nach welchem Verhältnis die Vermehrung der Geschwindigkeit stattfinde, das habe bis zu seiner Zeit aber keiner der Philosophen gewußt und er habe es zuerst gefunden.

Es ist bewundernswert, wie klar Galilei das Wesen einer wirklich wissenschaftlichen Physik erkannt hat. Im höchsten Grade bedeutsam ist, daß er die Aufgabe der Naturwissenschaft in die exakte Beschreibung der Erscheinung, nicht in die Erforschung ihrer letzten Ursachen legt. So scheint es ihm nicht günstig, von vornherein nach der Ursache der Beschleunigung eines fallenden Körpers zu fragen, welche einige Philosophen in der Annäherung an das Zentrum, andere in dem Zurückweichen des umgebenden Mittels, andere wieder in dem Anstoß der Luft, die von oben her auf den Körper drückt und ihn vorwärts treibt, erblickt haben. Aus solchen Phantastereien könne wenig Gewinn erwachsen. Man müsse vielmehr versuchen, mit möglichst einfachen Annahmen über den Charakter der Bewegung die wirklich beobachteten Tatsachen genau und richtig zu erklären.

Nicht bloß für Galilei, sondern auch für alle physikalische Forschung ist es charakteristisch, daß sie gewisse einfache Prinzipien an den Anfang stellt, die wohl durch die Übereinstimmung mit der Erfahrung ihre Daseinsberechtigung gewinnen, die aber von vornherein etwas Einleuchtendes und scheinbar Selbstverständliches haben. Als ein solches Prinzip nimmt Galilei an Stelle des Satzes von der schiefen Ebene, den er wohl für die Statik (Gleichgewichtslehre), aber nicht auch für die Dynamik (Bewegungslehre) als bewiesen ansieht, in seiner endgültigen Darstellung der Fallgesetze den Satz an: *Die Geschwindigkeiten, die ein Körper beim Herabgleiten auf verschiedenen schiefen Ebenen erlangt, sind einander gleich, wenn die Erhebungen einander gleich sind, und zwar sind sie gleich der Geschwindigkeit, welche der Körper beim freien Herabfallen aus einer der Erhebung der schiefen Ebene gleichen Höhe erlangen würde.*

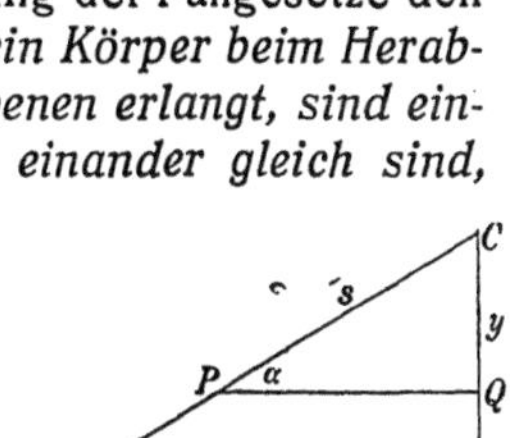

Man kann nach diesem Prinzip nicht bloß die Geschwindigkeit am Ende A der schiefen Ebene, sondern

Fig. 19.

auch in einem beliebigen Punkte P der schiefen Ebene finden, indem man durch diesen Punkt die Horizontale PQ zieht.

Die Geschwindigkeit v in P wird gleich der bei dem Fall aus der Höhe $y = CQ$ erlangten Geschwindigkeit. Ist t die für diesen Fall erforderliche Zeit, so wird $y = \tfrac{1}{2}gt^2$, $v = gt$, also $v = \sqrt{2gy}$. Setzen wir aber $PC = s$ und nennen wir α den Neigungswinkel der schiefen Ebene, so wird

$$y = s \sin \alpha,$$

also $v = \sqrt{2g \sin \alpha \cdot s}$, woraus man sieht, daß die Bewegung auf der schiefen Ebene eine ebensolche Bewegung wie die des freien Falles ist, nur daß die Beschleunigung hierbei $g \sin \alpha$ statt g ist.

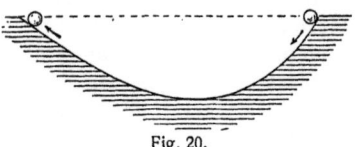

Fig. 20.

Wie erklärt es sich nun, daß das hier angenommene Prinzip so selbstverständlich erscheint? Der Grund geht aus Galileis Darstellung deutlich hervor. Er ist darin zu suchen, daß hier eine allgemeine Idee zugrunde liegt, von der der ausgesprochene Satz nur ein ganz spezieller Fall ist. Galilei dachte sich die Sache so: wenn man von der einen Seite einer muldenförmigen Vertiefung eine Kugel herabrollen läßt, so rollt sie, von Reibung und Luftwiderstand abgesehen, auf der anderen Seite wieder so weit in die Höhe, bis sie die ursprüngliche Höhe erreicht hat. Denn würde sie höher hinaufrollen, so könnten wir sie, etwa auf einer schiefen Ebene, in die Anfangslage zurückrollen und dabei Arbeit leisten, z. B. ein Gewicht heben lassen. Würde sie aber auf der anderen Seite der Mulde nicht bis zur ursprünglichen Höhe hinaufrollen, so müßten wir bedenken, daß derselbe Prozeß sich auch umgekehrt abspielen kann; dabei aber würde die Kugel aus der tieferen Lage auf dem jenseitigen Abhang der Mulde in die höhere Anfangslage auf dem diesseitigen Abhange zurückgelangen, das hatte sich aber schon vorher als unmöglich gezeigt.

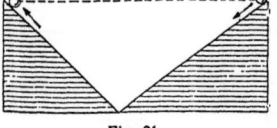

Fig. 21.

Es sind so diese beiden allgemeinen Gedanken: der Unmöglichkeit eines Perpetuum mobile, einer Erzeugung von mechanischer Arbeit aus nichts, und der Umkehrbarkeit aller reibungslosen mechanischen Pro-

zesse, die Galilei zu der Annahme des früher formulierten
Satzes veranlassen. Dieser folgt in der Tat sofort aus den
allgemeineren Voraussetzungen, wenn wir die Mulde aus
zwei schiefen Ebenen bestehen lassen (Fig. 22) und mit
Galilei annehmen, daß die Ge-
schwindigkeit, die ein Körper
beim Herabrollen auf einer schiefen Ebene erlangt, ebenso groß
ist wie die Geschwindigkeit, die
man ihm erteilen muß, damit er
beim Hinaufrollen auf der schiefen Ebene gerade bis obenhin gelangt. Galilei illustriert sein Prinzip, allerdings nur für kreisförmige
Bahnen, durch einen höchst sinn-

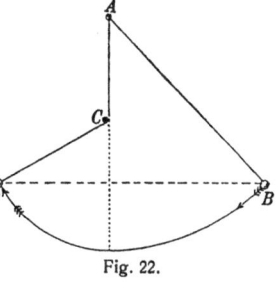

Fig. 22.

reichen Versuch mit einem Pendel AB, das er sich um einen
Nagel C herumschlingen läßt.

Den Satz, den er für geneigte Ebenen formuliert, nimmt
er ohne weiteres auch für irgendwelche geneigten Flächen
als gültig an, und man kann ihm dann die Formulierung
geben: *Wenn ein Körper aus einem Niveau auf irgendeiner
Bahn in ein um y tiefer gelegenes Niveau hinabgleitet, so
ist die von ihm erlangte Geschwindigkeit v immer durch die
Gleichung bestimmt* $\quad \frac{1}{2} v^2 = g y$.

Wir multiplizieren diese Gleichung heute gewöhnlich noch
auf beiden Seiten mit der Masse m des Körpers, so daß
auf der rechten Seite das Gewicht mg des Körpers erscheint. In der Gleichung

$$\tfrac{1}{2} m v^2 = m g \cdot y$$

heißt dann die linke Seite, das halbe Produkt aus der Masse
des Körpers und dem Quadrat seiner Geschwindigkeit, die
von dem Körper erlangte **kinetische Energie** oder leben-
dige Kraft. Die rechte Seite, das Produkt aus Gewicht und
Niveaudifferenz, heißt die **potentielle Energie**, die der
Körper bei dem Herabsinken aus dem höheren auf das tie-
fere Niveau verloren hat. Die Gleichung selbst sagt aus, daß
*der Gewinn an kinetischer Energie gleich dem Verlust an
potentieller Energie ist.* (Beim Hinaufsteigen des Körpers

auf irgendeiner Bahn würde das Umgekehrte gelten.) Dieses Prinzip bezeichnen wir als den **Satz von der Erhaltung der Energie**. Er hat in seiner Ausdehnung auf die Gesamtheit aller Naturerscheinungen die allergrößte Bedeutung erlangt.

Wenn der Körper nicht auf einer vorgeschriebenen Bahn hinabgleitet, sondern frei fallen kann, so fällt er auf einem ganz bestimmten Wege, nämlich in der Vertikalen herunter. Es muß daher zu dem Satz von der Erhaltung der Energie noch ein weiteres Prinzip hinzutreten, durch das sich die Bahn des Körpers bestimmt, und man kann dies Prinzip so formulieren, daß man sagt: *der Körper sucht sich unter allen möglichen Bahnen die aus, die ihn auf dem kürzesten Wege zu dem tieferen Niveau hinunterführt.*

Ein solches zweites Prinzip muß wie hier bei der Fallbewegung bei allem Naturgeschehen hinzutreten. Es legt — immer unter der Voraussetzung, daß der Satz von der Erhaltung der Energie gültig ist — unter allen denkbaren Bahnen, die das Geschehen einschlagen kann, die wirkliche Bahn dadurch fest, daß eine bestimmte Größe — hier war es der zurückgelegte Weg — auf dieser Bahn einen besonders ausgezeichneten, im großen und ganzen den kleinsten Wert annimmt.

Philosophische Betrachtungen über die haushälterischen Eigenschaften der Natur sind, so stark die Versuchung zu ihnen ist, hierbei nicht am Platze. Immerhin bleibt es merkwürdig, daß sich eine so einfache und unmittelbar einleuchtende Norm zur Beschreibung aller Naturvorgänge finden läßt.

6. DER AUSBAU UND DIE BESTÄTIGUNG DER FALLGESETZE

Bis jetzt ist noch nichts über die Bestimmung der Konstanten g, die in den Fallformeln steckt, gesagt worden. Man könnte zunächst an eine direkte Bestimmung dieser Konstanten denken, indem man die in einer bekannten Zeit t durchfallene Strecke y mißt und dann g aus der Gleichung $y = \tfrac{1}{2} g t^2$ berechnet. Eine solche Bestimmung erscheint nach den verfeinerten Methoden der Neuzeit tatsächlich möglich. Indessen hat sich schon viel früher eine bedeutend einfachere

Meßmethode ergeben. Diese beruht auf der Beobachtung der Schwingungen eines Pendels.

Die einfachste Form eines Pendels ist das Galileische Fadenpendel, das lediglich aus einer an einen Faden gehängten schweren Kugel besteht. Der schon von Galilei entdeckte Isochronismus kleiner Schwingungen besagt dann, daß die Schwingungsdauer T — wir wollen darunter die Zeit verstehen, die zwischen zwei äußersten Lagen des Pendels verstreicht — von der Schwingungsweite unabhängig ist, und zwar gilt für sie die einfache Formel

$$T = \pi \sqrt{\frac{l}{g}},$$

in der l die mathematische Länge des Pendels bedeutet und π die bekannte Zahl 3,14159.... Hiernach ist sofort zu sehen, daß man durch Messung der Schwingungsdauer eines Pendels von bekannter Länge die Konstante g bestimmen kann.

Da aber die Angabe der Länge eines Pendels nicht so ganz einfach ist, zieht man vor, statt eines Pendels zwei zu benutzen und deren Schwingungsdauern T und T' zu messen. Die Differenz d der Längen l und l' beider Pendel ist sehr leicht als die Differenz der Fadenlängen zu bestimmen und man findet dann aus den beiden Formeln

$$T^2 = \pi^2 \frac{l}{g}, \qquad T'^2 = \pi^2 \frac{l'}{g}$$

sofort, wenn man $d = l - l'$ setzt,

$$g = \frac{\pi^2 d}{T^2 - T'^2}.$$

Für die Schwingungsdauer des Pendels sind indessen noch zwei Korrektionen in Betracht zu ziehen. Die erste Korrektion rührt davon her, daß die Schwingungsweiten α des Pendels nicht genügend klein sind, damit die angeschriebene Formel für die Schwingungsdauer mit genügender Genauigkeit gültig ist. Man muß dann aus der wirklich beobachteten Schwingungsdauer T_2 erst die für die Rechnung zu benutzende Schwingungsdauer T_1 ableiten. Dies geschieht meist mit hinreichender Genauigkeit durch die Formel

$$T_1 = T_2 (1 - \tfrac{1}{16} \alpha^2).$$

6. Ausbau und Bestätigung der Fallgesetze

Die zweite Korrektur bezieht sich darauf, daß das Pendel nicht im leeren Raum, sondern in der Luft schwingt. Man hat, um dies zu berücksichtigen, die gefundene Schwingungsdauer T_1 in erster Annäherung wie folgt zu verändern, indem mit m die Masse der Pendelkugel, mit m' die Masse der von ihr verdrängten Luft bezeichnet sei:

$$T = T_1 \left(1 - \tfrac{3}{4}\frac{m'}{m}\right).$$

Das Resultat dieser Bestimmungen ist bekanntlich, daß die Konstante g der Schwere nicht an allen Punkten der Erdoberfläche dieselbe ist, sondern sich mit der geographischen Breite φ ändert, und zwar ergibt sich, wiederum in erster Annäherung, in Zentimeter-Sekunden-Einheiten der Wert

$$g = 980{,}62\,(1 - 0{,}0026 \cos 2\varphi),$$

so daß in unseren Breiten g ungefähr gleich 981 cm/sek^2 wird.

Die Form dieses Ausdrucks hat schon Isaak Newton (1643—1727) abgeleitet, und zwar ausgehend von dem Gedanken, daß die Fallbewegung nicht, wie man früher glaubte, von einer Anziehung des Erdzentrums herrühre, sondern von einer Anziehung, die alle Teile der Erde auf den fallenden Körper ausüben. Dabei hat er erstens angenommen, was später auch die Messungen bestätigt haben, von ihm aber aus theoretischen Überlegungen gefolgert wurde, daß die Erde keine vollkommene Kugel, sondern an den Polen abgeplattet ist, und zweitens, daß die Anziehung nicht bei allen Teilen der Erde dieselbe ist, sondern größer bei den näheren Teilen, geringer bei den entfernteren, und zwar soll sie abnehmen umgekehrt proportional dem Quadrat der Entfernung. Die Anziehung der Erde ist demnach am Monde nicht, wie Galilei angenommen hatte, dieselbe wie an der Erdoberfläche, sondern sie ist, weil der Mond um etwa 60 Erdradien von uns entfernt ist, nur etwa der 3600. Teil davon, und daß dies so richtig ist, ergab sich für Newton aus der Umlaufzeit des Mondes, indem er dessen Bewegung nach den Gesetzen, die Huygens (1673) für die Bewegung in der Kreisbahn gefunden hatte, untersuchte. So gelangte Newton zu dem universellen Gesetze der Gravitation, wonach zwischen allen Teilen der Materie, die im Weltall enthalten ist, eine gegenseitige Anziehung stattfindet, die den Massen der sich anziehenden Teile direkt, dem Quadrat ihrer Entfernung umgekehrt proportional ist.

Galileis Fallgesetze sinken danach nicht nur zu einer bloßen Folgerung aus diesem allgemeineren Gesetz zusammen, sondern sie erweisen sich sogar als überhaupt nicht genau richtig. Denn die Beschleunigung der Schwere ist in Wahrheit gar nicht konstant, sondern sie nimmt mit der Annäherung an die Erde zu. Diese Zunahme beträgt bei 100 Metern Fallhöhe etwa 1/50000. Praktisch können wir demnach wohl innerhalb gewisser Grenzen die Fallgesetze als richtig ansehen, aber wir können nicht zustimmen, wenn diese Gesetze als unbedingt wahr, weil aus einer Anlage der Natur folgend, hingestellt werden sollten.

Wir werden überhaupt die Naturgesetze nur als beobachtete Regelmäßigkeiten in den Erscheinungen auffassen, nicht aber als eine Norm, der die Erscheinungen schlechthin Folge leisten müssen. Auch Newtons Gravitationsgesetz ist zunächst nichts wie eine bei allen Bewegungen im Weltall beobachtete Regelmäßigkeit, wenn es auch selbst die verwickeltsten Bewegungen der Gestirne auf eine überraschend einfache Weise erklärt.

Die Annahme des Newtonschen Gravitationsgesetzes hat aber das Interesse an einer besonderen Bestätigung der Fallgesetze bedeutend erkältet. So finden wir die eigentümliche Erscheinung, daß, nachdem während des 17. Jahrhunderts eine große Menge von Versuchen, die Fallgesetze zu bestätigen, mit heißem Bemühen, aber mit sehr unvollkommenen Mitteln angestellt sind, man in neuerer Zeit mehr nach praktischen Demonstrationsapparaten als nach neuen Bestätigungen gesucht hat.

Die ersten direkten Fallversuche, durch die man die Bestätigung der Galileischen Gesetze versuchte und auch erreicht zu haben glaubte, wurden von Riccioli und Grimaldi am Turm der Asinelli in Bologna im Jahre 1640 angestellt. Nichts scheint aber verdächtiger als die absolute Übereinstimmung, die diese Versuche ergeben haben sollen. Der Turm hat eine Höhe von nahezu 100 Metern und zu den Versuchen wurden Tonkugeln benutzt; dabei mußte der Luftwiderstand schon einen merklichen Einfluß haben. Ich kann es mir nicht anders denken, als daß die beiden Experimentatoren zuerst nach den Galileischen Formeln die Zeit berechnet hatten und nun beobachteten, ob die Versuche mit diesen Berechnungen übereinstimmten. Da aber der ganze Fall keine 5 Sekunden dauerte und bei Zeitbestimmungen, wie sie sie mit Hilfe eines einfachen kleinen Pendels machten, eine halbe Sekunde Unterschied kaum zu merken ist, fanden sie die Übereinstimmung immer und das notierten sie, als hätten sie die den Berechnungen entsprechenden Werte mit aller Genauigkeit und Unbefangenheit durch Messung so gefunden.

Als die Versuche dann mit größerer Zuverlässigkeit angestellt wurden, ergaben sich denn auch die Abweichungen von den Galileischen Formeln, wie sie nach der Unsicherheit der Beobachtungen und der Einwirkung des Luftwiderstandes zu erwarten waren. Schon Riccioli selbst machte Versuche, den Luftwiderstand zu bestimmen. Diese Versuche wurden wiederholt von Desaguliers, einem Schüler Newtons, der von der Kuppel der Sankt Paulskirche in London Bleikugeln von zwei Zoll Durchmesser herabfallen ließ und fand, daß sie die Höhe von 272 Fuß in $4\frac{1}{2}$ Sekunden durchfielen, während nach der Galileischen Formel die Zeit nur $4\frac{1}{8}$ Sekunden betragen müßte. Man sieht, um welche geringen Zeitdifferenzen es sich handelt, und auch bei Desaguliers ist die Zeitmessung trotz aller darauf verwendeten Sorgfalt weit davon entfernt genau zu sein.

Als die Fallversuche mit sehr großer Fallhöhe wieder aufgenommen wurden, geschah es nicht mehr, um die Galileischen Fallgesetze zu prüfen oder den Widerstand der Luft zu bestimmen, sondern um eine Abweichung des Falles von der Vertikalen nachzuweisen. Wenn nämlich die Erde nicht ruht, sondern sich von Westen nach Osten dreht, so muß ein höher gelegener Punkt, weil er von der Drehachse weiter entfernt ist, eine größere Geschwindigkeit besitzen als ein tiefer gelegener Punkt. Wenn nun ein Körper von dem höher gelegenen Punkte herunterfällt, so behält er die an diesem Punkte herrschende größere Drehgeschwindigkeit bei, er muß also gegen den tiefer gelegenen Punkt vorauseilen, das heißt er kann nicht vertikal herunterfallen, sondern muß von dem Lote in der Richtung der Erddrehung, also nach Osten, abweichen. Wenn man diese Lotabweichung fallender Körper wirklich beobachten kann, so erlangt die Behauptung, daß die Erde rotiert, eine wichtige Stütze.

An dem Turm der Asinelli, an dem schon Riccioli und Grimaldi experimentiert hatten, gelang es im Jahre 1791 Guglielmini wenigstens halbwegs, die Lotabweichung nachzuweisen, vollständig glückte es Benzenberg im Jahre 1802 an dem Michaelisturm in Hamburg und 1804 in einem Schacht zu Schlebusch. Eine genaue Bestimmung führte dann Reich 1831 in Freiberg aus, wo er in einem Schachte eine Fallhöhe von 488 Fuß erreichte.

Die Möglichkeit einer genauen Prüfung der Fallgesetze hängt zunächst von der Herstellung eines luftleeren Raumes ab. Dieser Raum kann nur eine mäßig lange vertikale Röhre sein, es wird also die Fallstrecke und die zu messende Fallzeit verhältnismäßig gering sein. Die Messung der Fallzeit muß bis auf kleine Bruchteile von Sekunden genau erfolgen, und dies ist nur dadurch möglich, daß Anfang und Ende der zu bestimmenden Zeitdauer auf elektrischem Wege markiert wird. Man läßt durch Unterbrechung des Stroms ein bis dahin ruhendes Zeigerwerk mit einem rasch umlaufenden Rade in Verbindung treten und am Ende des zu messenden Zeitraums durch Wiederschließen des Stromes sich von ihm trennen, so daß an dem Zeiger sofort die gesuchte Zeit abzulesen ist. Dies ist der Hippsche Chronograph. Oder man läßt eine Stimmgabel mit einer an ihr befestigten leichten, biegsamen Spitze auf einer berußten Platte, über die man sie wegzieht, oder auf einer Trommel, die man unter ihr dreht, ihre Schwingungen aufzeichnen. Ein elektrischer Funke springt dann beim Losfallen des Körpers von der schreibenden Spitze durch das berußte Papier auf dessen Unterlage über und das gleiche wiederholt sich beim Auffallen des Körpers. Beidemal hinterläßt der Funke eine Marke und die Anzahl der zwischen den beiden Marken liegenden Schwingungen ergibt mit der bekannten Schwingungsdauer der Stimmgabel multipliziert sofort die gesuchte Fallzeit. Dies ist der Grundgedanke bei dem Siemensschen Funkenchronographen (1845).

Die so angestellten Versuche, die als gute Experimentierübungen in physikalischen Praktiken immer noch häufig vor-

6. Ausbau und Bestätigung der Fallgesetze

genommen werden, haben keine die Grenzen der Beobachtungsfehler übersteigende Abweichungen von dem Galileischen Gesetz ergeben, ohne daß man hierüber je eine gewisse Überraschung oder einen Triumph empfunden hätte. Man war schon zu lange gewohnt, die Galileischen Fallgesetze als absolut gesicherten wissenschaftlichen Bestand anzusehen.

Unter allen Apparaten, die zur Demonstration der Fallgesetze dienen, hat sich keiner eine größere Beliebtheit erworben als die Atwoodsche Fallmaschine. Sie wurde 1784 von dem Engländer Atwood im Anhange seines Werkes *Über die geradlinige Bewegung und die Drehung der Körper* beschrieben. Der Grundgedanke der Maschine ist aber von dem Deutschen Schober bereits zu Versuchen in einem 200 Fuß tiefen Schacht benutzt worden. Auf einer hölzernen Säule, die selbst einen Längenmaßstab trägt oder neben der ein solcher Maßstab steht, ist leicht drehbar, nach Atwoods Konstruktion auf doppelten Friktionsrädern, eine Rolle angebracht. Über die Rolle läuft ein Faden, der an seinen Enden zwei gleich große Massen M trägt. Auf eine dieser Massen wird nun ein kleines Übergewicht m gelegt. Dann bewegt sie sich wie der frei fallende Körper, nur mit geringerer Beschleunigung, so daß die Bewegung leicht zu verfolgen ist, und zwar geschieht dies dadurch, daß man, ähnlich wie es schon Riccioli und Grimaldi getan haben, prüft, ob die für die einzelnen Sekunden berechneten Wegstrecken auch wirklich so durchlaufen werden.

Fig. 23.

Zu Beginn der Beobachtung ruht die das Übergewicht tragende Masse auf einer kleinen Konsole, die zum Herunterklappen eingerichtet ist. Wenn dies geschieht, beginnt die Bewegung, und man richtet es so ein, daß dieser Beginn mit einem Schlage des Sekundenpendels zusammenfällt. Eine an der Säule verschiebbare zweite Konsole ist so eingestellt, daß die sinkende Masse genau bei einem weiteren Schlage des Sekundenpendels hörbar aufklappt.

Man kann aber nicht bloß die zurückgelegten Wege, sondern auch die erreichten Geschwindigkeiten leicht bestimmen. Dies geschieht, indem man durch einen an einer bestimmten Stelle der Säule angeschraubten Rahmen die sinkende Masse das Übergewicht abstreifen läßt. Sie bewegt sich dann mit gleichbleibender Geschwindigkeit weiter, und indem man es so einrichtet, daß sie gerade nach einer bestimmten Anzahl Sekunden auf der unteren Konsole wieder aufklappt, kann man bestätigen, daß die Geschwindigkeit der gleichförmigen Bewegung in der Tat die aus den Bewegungsgesetzen folgende ist.

Diese Übereinstimmung ist nur zu erreichen, wenn die Reibung an der Rolle außerordentlich gering und der Faden oder Draht, der über die Rolle läuft, so leicht ist, daß das Gewicht des Stückes, das von ihm im Verlaufe der Bewegung von der einen auf die andere Seite der Rolle gelangt, gegenüber der Masse der angehängten Gewichte nicht in Betracht kommt. Die letztere Fehlerquelle kann man vermeiden, indem man den Faden durch ein unter den Gewichten angebundenes Stück in sich zurücklaufen oder ihn immer bis auf die Erde herunterreichen läßt.

Wir wollen noch die Formeln, die für die Bewegung an der Atwoodschen Fallmaschine gelten, kurz ableiten.

Diese Formeln können so gewonnen werden, daß wir das Prinzip der Erhaltung der Energie, das sich bei der Betrachtung der einfachen Fallbewegung ergeben hatte, als ein allgemeineres, auch bei der hier vorliegenden Bewegung geltendes Prinzip zugrunde legen.

Dieses Prinzip besagt, daß immer die gewonnene kinetische Energie gleich der verlorenen potentiellen Energie ist. Wir müssen also zunächst die kinetische Energie bei der Bewegung an der Atwoodschen Fallmaschine bestimmen. Die kinetische Energie eines materiellen Systems ist gleich der Summe der kinetischen Energien aller seiner einzelnen Teile. Wir müssen daher von allen sich bewegenden Teilen die kinetische Energie suchen. Ist die Geschwindigkeit der beiden Gewichte v, so wird für sie die kinetische Energie

$$\tfrac{1}{2} M v^2 \text{ und } \tfrac{1}{2} (M + m) v^2.$$

Es bleibt dann, wenn wir die Masse des Fadens vernachlässigen dürfen, nur noch die kinetische Energie der Rolle,

6. Ausbau und Bestätigung der Fallgesetze

nötigenfalls auch der Friktionsräder zu berechnen. Man sieht zunächst, daß, wenn wir die Geschwindigkeit der beiden Gewichte, von dem Wert 1 ausgehend, auf das $v$fache steigern, auch die Geschwindigkeit aller Punkte der Räder auf das $v$fache steigt. Da die kinetische Energie aber wie das Quadrat der Geschwindigkeit wächst, muß auch die kinetische Energie der ganzen Drehbewegung auf das v^2fache steigen, und wenn wir ihren doppelten Wert bei der Geschwindigkeit 1 der Gewichte mit K bezeichnen, so wird ihr Wert für die Geschwindigkeit v

$$\tfrac{1}{2} K v^2.$$

Insgesamt erhalten wir also die kinetische Energie

$$\tfrac{1}{2}(2M + m + K)v^2.$$

Die verlorene potentielle Energie des fallenden Gewichtes ist

$$(M + m)\,gy,$$

wenn y die Strecke bezeichnet, um die es gefallen ist. Um die gleiche Strecke ist das andere Gewicht gestiegen, hat also die potentielle Energie

$$Mgy$$

gewonnen. Ziehen wir diesen Wert von dem vorausgehenden ab, so erhalten wir die insgesamt verlorene potentielle Energie, diese ist also

$$mgy.$$

Wir finden sonach die Gleichung

$$\tfrac{1}{2}(2M + m + K)v^2 = mgy.$$

Aus ihr können wir eine Gleichung für die Bewegung der Masse m allein gewinnen, indem wir sie in die Form bringen

$$\tfrac{1}{2}mv^2 = may,$$

wobei wir

$$a = \frac{m}{2M + m + K} g$$

gesetzt haben.

Die jetzt gewonnene Gleichung ist der Form nach dieselbe wie die für die freie Fallbewegung, nur ist die konstante Beschleunigung g durch den ebenfalls konstanten Wert a

ersetzt. Zu der Ableitung dieses Resultates ist aber die Annahme der Gültigkeit des Energieprinzips für ein beliebiges unter der Einwirkung der Schwere bewegtes System oder eine gleichwertige Annahme durchaus unerläßlich.

Aus den beobachteten Fallzeiten kann man nun a und daraus nach der Formel

$$(2M + m + K)a = mg$$

auch g bestimmen. Um hierbei der lästigen Ermittelung der Größe K zu entgehen, läßt sich folgender Weg einschlagen. Man wiederholt die Versuche noch einmal, indem man die Gewichte von der Masse M durch solche von der Masse M' ersetzt. Zu der obenstehenden Gleichung erhält man dann eine zweite:
$$(2M' + m + K)a' = mg,$$

wenn a' die jetzt statt a gefundene Beschleunigung bezeichnet. Aus den beiden Gleichungen folgt durch Elimination von K:

$$2(M - M')aa' = m(a' - a)g$$

und daraus
$$g = 2\frac{M - M'}{m} \cdot \frac{aa'}{a' - a}$$

Die Atwoodsche Fallmaschine ist bei der Einfachheit ihrer Anordnung und ihrer Handhabung zur Demonstration der Fallgesetze vorzüglich geeignet, nur demonstriert sie diese Gesetze nicht unmittelbar, sondern nur mittelbar und unter der Voraussetzung der Gültigkeit bestimmter allgemeiner Bewegungsgesetze. Das läßt sich als ein Mangel auffassen und in dieser Hinsicht sind der Atwoodschen Fallmaschine andere Vorrichtungen überlegen, die unmittelbar an den Vorgang des freien Falles anknüpfen. Besonders anschaulich stellt diesen Vorgang der Apparat von Rabs dar (Fig. 24). Bei diesem fällt eine Platte P hinter einem in rasche Schwingungen versetzten elastischen Stabe T herunter und das Ende des Stabes trägt einen Schreibstift, der während der Fallbewegung auf der Platte eine (aus der Vereinigung der Schwingung und der Fallbewegung entstehende) Kurve aufzeichnet. Diese Kurve (Fig. 25) gibt dann das Bild der Fallbewegung, und indem man die Abstände der verschiedenen Ausschlagsstellen $abcd \ldots fghi$ mit dem Maßstab mißt, kann man unmittelbar die in gleichen Zeiträumen durch-

48   6. Ausbau und Bestätigung der Fallgesetze

fallenen Fallstrecken vergleichen. Der Apparat muß, um genaue Ergebnisse zu liefern, sehr sorgfältig gearbeitet sein.

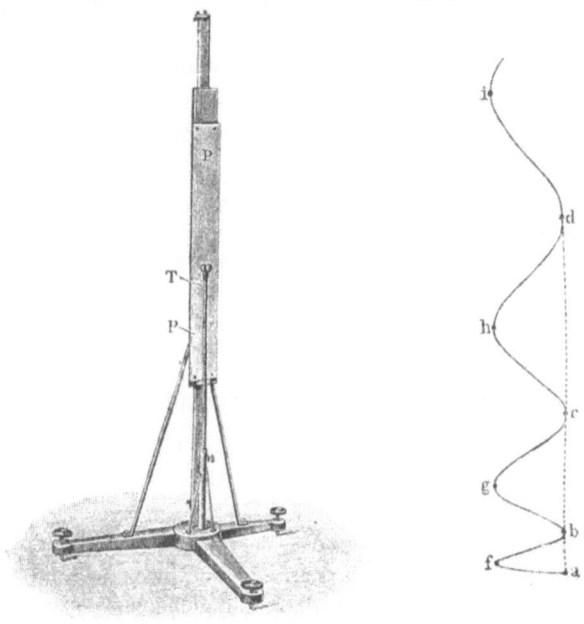

Fig. 24.   Fig. 25.

Die fallende Platte umfaßt eine auf einem schweren Dreifuß stehende eiserne Schiene, die auf beiden Seiten zugeschärft ist. Dadurch ist die Führung des Falles gewährleistet. Damit der Fall als freier Fall erfolgt, muß der Schwerpunkt des ganzen fallenden Systems genau in die vertikale Mittellinie der Schiene fallen. Die Platte trägt einen Papierstreifen, auf dem der Stift schreibt. Bei Beginn des Falles löst sich der Stift aus einem am unteren Ende des Fallbrettes angebrachten Häkchen, durch das er vorher in einer seitlichen Lage festgehalten wird, um die ganze Feder, deren Ende der Stift bildet, seitwärts auszubiegen und erst beim Beginn des Falls in Schwingung geraten zu lassen.

Für solche Demonstrationsversuche, wie sie mit den geschilderten Apparaten anzustellen sind, braucht auf den Luftwiderstand keine Rücksicht genommen zu werden. Er macht sich erst bei größeren Fallzeiten und Fallhöhen bemerkbar. Das erste äußerliche Ergebnis ist dann dieses, daß die Geschwindigkeit nicht ins Unbegrenzte wächst, wie es nach den Galileischen Fallgesetzen im leeren Raume der Fall ist, sondern einen bestimmten Maximalwert nicht überschreitet. Man kann dies schon bei Wagen und Fahrrädern beobachten, die eine wenig geneigte Straße hinunterfahren. Sie stellen sich dann nach einer anfänglichen Beschleunigung ihrer Bewegung auf eine bestimmte Geschwindigkeit ein, die sie unverändert beibehalten. Das ist schon Galilei bekannt gewesen.

Elementarer ist noch das Beispiel der Regentropfen, bei denen man auch annehmen kann, daß sie eine bestimmte Geschwindigkeit haben, wie man ja schon daraus erkennt, daß die Bahnen des schräg fallenden Regens gerade Linien bilden und nicht parabolisch gekrümmt sind. Der englische Physiker Stokes hat für diese Geschwindigkeit v die Formel gefunden

$$v = \frac{2}{9} g \frac{r^2}{k},$$

in der g wieder die Beschleunigung der Schwere, r den Halbmesser des Tropfens und k eine bestimmte Konstante bezeichnet. Werden für g und k ihre Werte eingesetzt, so ergibt sich

$$v = 12800\, r^2 \text{ cm sek.}$$

Danach würde sich z. B. für einen Tropfen von einem Millimeter Halbmesser eine Geschwindigkeit von 1,3 Metern in der Sekunde herausstellen.

Die Stokessche Formel bedeutet auch ein Fallgesetz, aber von ganz anderer Art wie das Galileische. Galilei nimmt den Fall, wo von der Beschleunigung der Schwere nichts aufgezehrt wird, Stokes dagegen den Fall, wo sie ganz aufgezehrt wird.

Die Galileische Formel ist zweifellos die elementarere und ungleich wichtigere. Aber nach allen unseren Betrachtungen kann doch zweifelhaft bleiben, woher wir denn die große Sicherheit nehmen, mit der wir an den Galileischen Resultaten und allen daraus fließenden Folgerungen festhalten. Sie sind doch nur für ganz geringe Fallhöhen experimen-

6. Ausbau und Bestätigung der Fallgesetze

tell genau bestätigt worden. Daß sie, wie Mach meint, die einfache Form für die Darstellung der Resultate gemachter Beobachtungen bilden, läßt sich kaum aufrechterhalten, besonders wenn die Beobachtungen, wie Mach es sich meistens denkt, an der Atwoodschen Fallmaschine angestellt sind und ihre Übertragung auf den freien Fall schon so viel neue Voraussetzungen und Annahmen in sich schließen. Über den Fall durch größere Höhen würden wir so ja auch gar nichts erfahren.

Es ist immer gut, sich die Grenzen, innerhalb deren die Fallgesetze ihre Bestätigung durch die Erfahrung gefunden haben, deutlich vor Augen zu halten. Mit völliger Genauigkeit lassen sie sich nur bei luftleer gepumpten Röhren bestätigen, und bei diesen konnte man über Längen von ein paar Metern nicht hinausgehen. Bei größeren Höhen ist nur der Fall im widerstehenden Mittel beobachtet worden, bei dem notwendigerweise Abweichungen von den Galileischen Gesetzen festzustellen sind. Was also die Erfahrung liefert, rechtfertigt kaum das Zutrauen, mit dem wir die Fallgesetze hinnehmen.

Wir kommen auch nicht weiter, wenn wir sagen: die Fallgesetze sind eine einfache Folgerung aus dem Newtonschen Gravitationsgesetz und den allgemeinen Bewegungsgesetzen, welche die Formulierung des Gravitationsgesetzes erst möglich machen, wobei allerdings zu beachten ist, daß sich dann sofort eine nur angenäherte Gültigkeit der Fallgesetze für mäßige Fallhöhen ergibt. Diese Gültigkeit erscheint nunmehr als eine Folgerung aus allgemeinen Gesetzen. Das nützt jedoch nichts, denn auch diese allgemeineren Gesetze sind keineswegs ausreichend durch die Erfahrung bestätigt, ebensowenig wie die Fallgesetze, und gerade für den Bereich, in dem die Fallgesetze gelten, sind wir nach wie vor auf die Beobachtungen angewiesen, durch die wir sie auch ohne Kenntnis des Gravitationsgesetzes bestätigen würden.

Aber weiter: auch von dem Gravitationsgesetz zeigen sich Abweichungen, die sich nicht allein aus Beobachtungsfehlern erklären lassen, und deshalb erscheint auch das Gravitationsgesetz wieder nur als Annäherung an ein umfassenderes Gesetz, das neuerdings in der Einsteinschen Gravitationstheorie entwickelt ist.

Ob damit das letzte Wort gesprochen ist, kommt hier für uns nicht in Betracht. Jedenfalls zeigt sich aufs klarste, daß sicher nicht die Erfahrung es ist, die uns an die unverbrüchliche Gültigkeit der Fallgesetze glauben läßt, ja wir können sie gar nicht anders auffassen wie als eine erste Annäherung an die Feststellung einer bestimmten Komponente bei den Bewegungen auf der Oberfläche der Erde. Was uns trotzdem an der anspruchsvollen Bezeichnung der Fallformeln als Naturgesetze festhalten läßt, müssen doch wohl innere Gründe sein. Es ist das Verhältnis zwischen ihrer großen Einfachheit und der Verwickeltheit der Erscheinungen, zu denen sie den Schlüssel liefern, was uns ihnen so günstig stimmt. Sie befriedigen das Bedürfnis unseres Geistes, in der uns umgebenden Welt eine einfache Ordnung wahrzunehmen. Dadurch kommen wir leicht in Versuchung, zu übersehen, daß sie weder eine absolut genaue Beschreibung der wirklichen Erscheinungen liefern noch etwas zu ihrer innerlichen Begreiflichmachung beitragen. Wir müssen eben zufrieden sein, wenn wir eine einfache Formel gefunden haben, durch die wir eine größere Gruppe von Erscheinungen unter einem einheitlichen Gesichtspunkt in einer verhältnismäßig einfachen Darstellung zusammenfassen können, und gerade dies erkannt und vor den Versuchen gewarnt zu haben, aus unseren Vorstellungen heraus, im Grunde doch immer wieder nach Analogien der sinnlichen Wahrnehmung, die Welt in ihren einzelnen Erscheinungen verstehen zu wollen, das bleibt Galileis großes Verdienst.

Von demselben Verfasser erschienen ferner:

Geometrie der Kräfte. Mit 27 Figuren. [XII u. 381 S.] g 1908. Geb. M. 40.—

Theorie der Kräftepläne. Eine Einführung in die graphi Statik. Mit 46 Fig. [VI u. 99 S.] 8. 1910. Geb. M. 7.50.

Mechanik. Von Dr. G. Hamel, Professor an der Techn. Hochsc Charlottenburg. Bd. I: Grundbegriffe der Mechanik. Mit 38 im Text. [132 S.] 8. 1921. Bd. II: Mechanik der festen Kör Bd. III: Mechanik der flüssigen und luftförmigen Kör (ANuG Bd. 684/86.) Kart. je M. 6.80, geb. je M. 8.80. [Bd. II u. I Vorbereitung 1921.]

Die neue Mechanik. V. Prof. H. Poincaré. 4., unv. Aufl. Geh. M

Die Grundgleichungen der Mechanik insbesond starrer Körper neu entwickelt mit Grassmanns Pur rechnung. (Abhandl. u. Vorträge a. d. Gebiete der Mathem., Na wissenschaft u. Technik. Heft 7.) Von Studiendirektor Dr. A. Lc in Stuttgart. [Unter der Presse 1921.]

Das Foucaultsche Pendel und die Theorie der re tiven Bewegung. Von Prof. Dr. A. Denizot. Mit 19 Fig. im T [IV u. 76 S.] gr. 8. 1913. Geh. M. 7.50.

Drehkreisel. Von Prof. Dr. J. Perry. Volkstümlicher Vortrag halten in einer Versammlung der „British Association" in Leeds Ü setzt von Obering. Prof. A. Walzel. 2., verb. u. erweiterte Aufl. u. 130 S.] 8. 1913. Mit 62 Abb. im Text u. 1 Titelbild. Geb. M.

Physik und Kulturentwicklung durch techn. u. wissensch Erweiter. d. menschl. Naturanlagen. V. Geh. Hofrat Dr. O. Wiener, F a. d. Univ. Leipzig. 2. Aufl. [X u. 118 S.] 8. 1921. Mit 72 Abb. M. 15.—, geb. M. 22.—

Physikalisches Wörterbuch. Von Prof. Dr. G. Berndt, Be Mit 81 Figuren im Text. [IV u. 200 S.] 8. 1920. (Teubners kl. F wörterbücher Bd. 5.) Geb. M. 17.50.

Verlag von B. G. Teubner in Leipzig und Ber

Die in diesen Anzeigen angegebenen Preise sind die ab 1. Juli 1921 gültigen als bleibend zu betrachtenden Ladenpreise, zu denen die meinen Verlag vorzugs führenden Sortimentsbuchhandlungen sie zu liefern in der Lage u. verpflichte und die ich selbst berechne. Sollten betreffs der Berechnung eines Buches m Verlages irgendwelche Zweifel bestehen, so erbitte ich direkte Mitteilung an

Aus Natur und Geisteswelt
Kart. je M. 6.80, geb. je M. 8.80

Zur Physik erschienen unter anderem:

Physik: Einführung, Grundlagen und Geschichte.

Die Grundbegriffe der modernen Naturlehre. Einführung in die Physik. Von Hofrat Professor Dr. F. Auerbach. 4. Aufl. Mit 71 Figuren. (Bd. 40.)

Experimentalphysik, Gleichgewicht und Bewegung. Von Geh. Reg.-Rat Professor Dr. R. Börnstein. Mit 90 Abbildungen. (Bd. 371.)

Die Lehre von der Energie. Von Oberlehrer A. Stein. 2. Aufl. Mit 13 Fig. (Bd. 257.)

Einführung in die Relativitätstheorie. Von Dr. W. Bloch. 3., verb. Auflage. Mit 18 Figuren. (Bd. 618.)

Das Wesen der Materie. Von Prof. Dr. G. Mie. 4. Aufl. 2 Bde. (Bd. 58/59.)
  I. Moleküle und Atome. Mit 25 Figuren.
  *II. Weltäther und Materie. Mit zahlreichen Figuren.

Naturwissenschaften, Mathematik und Medizin im klassischen Altertum. Von Prof. Dr. Joh. L. Heiberg. 2. Aufl. Mit 2 Figuren. (Bd. 370.)

Große Physiker. Von Prof. Dr. F. A. Schulze. 2. Aufl. Mit 6 Bildnissen. (Bd. 324.)

Werdegang der modernen Physik. Von Oberlehrer Dr. H. Keller. Mit 19 Figuren. (Bd. 343.)

Mechanik.

Mechanik. Von Prof. Dr. G. Hamel. 3 Bände. (Bd. 684/86.) I. Grundbegriffe der Mechanik. Mit 38 Fig. im Text. *II. Mechanik der festen Körper. *III. Mechanik der flüssigen und luftförmigen Körper.

Aufgaben aus der techn. Mechanik. Von Prof. A. Schmitt. 2 Bde. 2. Aufl. (Bd. 557-558.)
  I. Statik und Festigkeitslehre. 156 Aufgaben und Lösungen. Mit zahlreichen Fig. im Text.
  II. Dynamik und Hydraulik. 140 Aufgaben und Lösungen. Mit zahlr. Figuren im Text.

Statik. Von Baugewerkschuldirektor Gewerbeschulrat Reg.-Baumeister A. Schau. 2. Aufl. Mit 12 Figuren im Text. (Bd. 828.)

Festigkeitslehre. Von Baugewerkschuldirektor Gewerbeschulrat Reg.-Baumeister A. Schau. 2. Aufl. Mit 119 Figuren im Text. (Bd. 829.)

Das Perpetuum mobile. Von Dr. Fr. Ichak. 2. Aufl. Mit Abb. (Bd. 462.)

Optik, angewandte Optik und Strahlungserscheinungen.

Das Licht und die Farben. Einführung in die Optik. Von Professor Dr. L. Graetz. 4. Auflage. Mit 100 Abbildungen. (Bd. 17.)

Sichtbare und unsichtbare Strahlen. Von Geh. Regierungs-Rat Professor Dr. R. Börnstein. 3., neubearb. Aufl. von Prof. Dr. E. Regener. Mit 71 Abbildungen. (Bd. 64.)

Die optischen Instrumente. (Lupe, Mikroskop, Fernrohr, photographisches Objektiv und ihnen verwandte Instrumente.) Von Prof. Dr. M. v. Rohr. 2., vermehrte u. verb. Auflage. Mit 89 Abbildungen im Text. (Bd. 88.)

Das Auge und die Brille. Von Prof. Dr. M. v. Rohr. 2. Aufl. Mit 84 Abbildungen und 1 Lichtdrucktafel. (Bd. 372.)

Das Mikroskop, seine wissenschaftlichen Grundlagen und seine Anwendung. Von Dr. A. Ehringhaus. Mit 75 Abbildungen im Text. (Bd. 678.)

Spektroskopie. Von Dr. L. Grebe. 2. Aufl. Mit 63 Figuren im Text und auf 2 Doppeltafeln. (Bd. 284.)

Die Kinematographie, ihre Grundlagen und ihre Anwendungen. Von Dr. H. Lehmann. 2. Auflage von Dr. W. Mette. Mit 68 zum Teil neuen Abbild. (Bd. 358.)

Die Photographie, ihre wissenschaftlichen Grundlagen u. ihre Anwendung. V. Dipl.-Ing. Dr. O. Prelinger. 2., verb. Aufl. Mit 64 Abbildungen i. T. (Bd. 414.)

Die künstlerische Photographie. Ihre Entwicklung, ihre Probleme, ihre Bedeutung. Von Studienrat Dr. W. Warstat. 2., verb. Aufl. Mit Bilderanhang. (Bd. 410.)

Die Röntgenstrahlen und ihre Anwendung. Von Dr. med. G. Buch. Mit 85 Abbildungen im Text und auf 4 Tafeln. (Bd. 556.)

Die mit * versehenen Bändchen befinden sich in Vorbereitung

Verlag von B. G. Teubner in Leipzig und Berlin

MIX
Papier aus verantwortungsvollen Quellen
Paper from responsible sources
FSC® C105338

If you have any concerns about our products,
you can contact us on
ProductSafety@springernature.com

In case Publisher is established outside the EU,
the EU authorized representative is:
**Springer Nature Customer Service Center GmbH
Europaplatz 3, 69115 Heidelberg, Germany**

Printed by Libri Plureos GmbH
in Hamburg, Germany